血鹦鹉鱼
产业发展现状及养殖技术

姜巨峰 / 主编

中国农业出版社
北京

本书编委会

主　任：孙晓旺

委　员：张　韦　尤宏争　贾　磊　戴媛媛

主　编：姜巨峰

副主编：李春艳　陈再忠　牟希东　韩现芹

　　　　姜　浩

参　编（按姓氏笔画排序）：

　　　　马　林　王　宇　王永辰　王春鹿

　　　　史东杰　付志茹　白晓慧　冯守明

　　　　刘文军　刘肖莲　刘张倩　孙志景

　　　　孙金辉　吴会民　谷德贤　宋立民

　　　　宋红梅　张先光　张振国　陈依波

　　　　尚东维　罗　璋　周　勇　郝　爽

　　　　夏苏东　徐林通　徐晓丽　魏　东

PREFACE 序

　　休闲渔业是渔业"五大产业"之一，它不仅拓展了渔业功能、丰富了渔业产业形态，而且能够促进渔业提质增效和渔民就业增收，满足人民日益增长的美好生活需要。近年来，休闲渔业成为现代渔业经济发展新的增长点。

　　观赏鱼产业是休闲渔业的重要组成部分，对推动我国经济发展具有重要作用。2022 年我国观赏鱼产量为 35.60 亿尾，产值高达 110.92 亿元。血鹦鹉鱼（*Cichlasoma synspilum* ♀ × *C. citrinellum* ♂）俗称"吉祥鱼""发财鱼"，起源于中国台湾，分类学上属鲈形目、慈鲷科，是由红头丽体鱼（*C. synspilum*）和红魔丽体鱼（*C. citrinellum*）杂交所获得的"新品种"，因全身鲜红、体形短圆、嘴呈心形且无法合拢及有"招财进宝""驱鬼镇宅"等寓意而深受广大消费者的喜爱。血鹦鹉鱼养殖区域集中于天津、上海、广东、海南等地。我国血鹦鹉鱼年产量约为 4 亿尾，产值约为 6 亿元，约占全国观赏鱼年产量的 11.24%，占观赏鱼产值的 5.41%。

　　天津市是我国北方观赏鱼主产地和主要集散地。2013 年，天津市水产研究所牵头组建了天津市观赏鱼技术工程中心，该中心自组建以来，围绕血鹦鹉鱼种质创新、品级提升、绿色养殖模式等方面开展了系列研究，取得了一系列的创新性成果。为推动血鹦鹉鱼产业高质量发展，天津市观赏鱼技术工程中心联合我国血鹦鹉鱼相关技术研究团队，从产业发展现状及发展趋势、人工繁育、遗传性状

1

与经济性状关联分析、营养与饲料、水质调控、病害防控、优级品定向培育技术、绿色养殖模式、运输技术及选购标准等方面进行了详细的总结，编写了《血鹦鹉鱼产业发展现状及养殖技术》一书。该书内容立足服务产业发展需求，注重理论与实践结合、技术与案例并举，以通俗易懂、图文并茂的方式系统介绍了血鹦鹉鱼产业发展现状及养殖技术，具有较强的针对性和实用性。同时该书简明扼要地归纳了血鹦鹉鱼养殖关键技术要点及选购标准，读者可通过手机扫描二维码查看相关内容，轻松学技术、长知识。

该书既可以作为观赏鱼养殖从业者的学习和技术指导手册，也可以作为水产技术推广人员、科研人员、管理人员和水族专业学生的参考书目。该书的出版意义重大，能够使血鹦鹉鱼繁养技术得到普及应用，推动我国休闲渔业和乡村振兴高质量发展。

中国水产学会观赏鱼分会主任委员　朱华

2024 年 4 月

FOREWORD 前言

血鹦鹉鱼（*Cichlasoma synspilum* ♀ × *C. citrinellum* ♂）是1986 年中国台湾蔡建发在自己的渔场偶然将红头丽体鱼和红魔丽体鱼混养在一起，无意间产卵杂交所获得的"新品种"，它是中国观赏鱼从业者智慧与繁殖技术的结晶。血鹦鹉鱼由于外观美丽耀眼，通体透红，且与中国传统喜爱的红色和圆形相一致，非常受中国和东南亚市场欢迎。此外，血鹦鹉鱼问世时，由于技术保密，曾经卖出 5 万新台币（约合 1 万元人民币）一对的天价，该鱼一时间炙手可热，价格居高不下。1989 年后，中国台湾出产的血鹦鹉鱼开始出口到东南亚国家。

2002 年中国台湾廖木山先生与吴顺兴先生合作，在海南省海口市建场，首次把血鹦鹉鱼亲鱼引入海南省进行繁育和养殖，从此揭开了中国大陆养殖血鹦鹉鱼的序幕。血鹦鹉鱼由于易养殖、体色红艳、价格适中，非常受消费者喜爱，很快就成为热带观赏鱼中最为畅销的品种。经过 30 多年的发展，血鹦鹉鱼养殖已形成产业规模，血鹦鹉鱼已成为我国观赏鱼的主要养殖品种，最高年产量约 4 亿尾，其中天津、海南、广东、上海、江苏及辽宁鞍山是血鹦鹉鱼的主要养殖区域。

天津市作为中国北方最大的观赏鱼主产地和集散地，2003 年以后市场上就开始批发和养殖血鹦鹉鱼。天津市观赏鱼技术工程中心成员单位——天津嘉禾田源观赏鱼养殖有限公司，场区下有丰富的地下热水，温度可达 108℃，可人工调至任何需要的养殖温度，2006 年开始尝试养殖血鹦鹉鱼，由于市场需求旺盛、利润可观，在前期积累的技术基础上，时任天津嘉禾田源观赏鱼养殖有限公司总经理的李景龙先生积极对外寻求技术合作。恰逢 2008 年海南省下了一场冻雨，廖木山先生养殖的种鱼棚室被压塌，也在积极想办法补救血鹦鹉鱼亲鱼。两人一拍即合，廖木山先生以 2 000 对种鱼和自身的繁育技术入股，天津嘉禾田源观赏鱼养殖有限公司出场地和人员，共同在天津市拉开了繁养血鹦鹉鱼的序幕。在天津嘉禾田源观赏鱼养殖有限公司的带动下，天津市华泰兰园种养殖专业合作社、天津众民水产科技有限公司、天津和谐荣达实业股份有限公司、天津市庆祥伟业观赏鱼养殖有限公司、天津富国水产养殖有限公司、天津市六呈水产养殖专业合作社等 10 多家水产养殖企业开始养殖血鹦鹉鱼。"十二五"期间，天津市年产血鹦鹉鱼约 1.08 亿尾，约占全市观赏鱼总产量的 1/3。血鹦鹉鱼的养殖发展为天津市渔业产值注入了新的增长引擎。

刚开始繁育和养殖时，缺少技术，血鹦鹉鱼产业发展不太顺畅，主要表现为血鹦鹉鱼幼鱼经常出现不明原因死亡、幼鱼的褪色率和圆头率较低、高品质的商品鱼选出率较低、养殖模式单一等，这些因素制约了我国血鹦鹉鱼养殖产业的发展。因此，系统开展血鹦鹉鱼种质创新、品级提升、绿色养殖模式等方面研究对推动产业高质量发展具有重要作用。

2013 年，在天津市科学技术委员会的支持下，天津市水产研究所作为依托单位，天津嘉禾田源观赏鱼养殖有限公司和天津农学院水产学院为成员单位，共同组建了天津市观赏鱼技术工程中心（以下简称"中心"）。我们依托"中心"平台，在天津市科委科技支撑计划项目、天津市科委科技帮扶项目、天津市科委种业攻关项目、天津市农委产业技术体系项目等多个项目的资助下，连续多年围绕血鹦鹉鱼繁育关键技术提升、病害免疫防控、功能饲料研制、优质血鹦鹉鱼定向培育和绿色养殖技术模式构建等技术问题进行攻关，取得了一系列成果，关键技术成果在天津市、辽宁省、广东省、上海市等地进行了规模化推广，获得了养殖户的好评，取得了良好的经济效益和社会效益。为了总结血鹦鹉鱼养殖关键技术及产业发展状况，天津市观赏鱼技术工程中心牵头，联合中国水产科学研究院珠江水产研究所等单位共同编写本书，旨在为血鹦鹉鱼产业的高质量发展提供技术支撑。全书共分为十章，重点介绍了血鹦鹉鱼产业发展现状、人工繁养技术、营养与饲料技术、定向培育技术、绿色养殖模式构建等。然而，当今新的鱼类繁养技术不断出现，特别是分子育种技术的引入给产业发展提供了新的挑战和机遇。由于我们的研究积累和水平有限，错漏在所难免，敬请广大读者批评指正。

最后我们要感谢中国水产学会观赏鱼分会主任委员朱华研究员在百忙之中为我们的书作序，感谢天津市观赏鱼技术工程中心的全体人员对推动血鹦鹉鱼产业绿色高质量发展做出的突出贡献。

姜巨峰

2024 年 2 月

CONTENTS 目录

第一章

血鹦鹉鱼产业发展现状

第一节　血鹦鹉鱼起源及分类

一、血鹦鹉鱼的起源

血鹦鹉鱼（*Cichlasoma synspilum* ♀ × *C. citrinellum* ♂）亦称"发财鱼"，起源于中国台湾，是以红头丽体鱼（俗称"紫红火口"）（*C. synspilum*）和红魔丽体鱼（俗称"红魔鬼"）（*C. citrinellum*）杂交产生的变种鱼。1986年，中国台湾蔡建发在自己的渔场偶然将红魔丽体鱼和红头丽体鱼混养在一起，无意间产卵杂交获得"新品种"，即血鹦鹉鱼。随后1989年血鹦鹉鱼首先出现在中国台湾水族市场，销售者因数量稀少且来源不为人知，将其作为稀有进口鱼贩卖。当年中国台湾某报曾以"血鹦鹉鱼重现江湖"为题，指出血鹦鹉鱼为原产于南美亚孙河的慈鲷科原种鱼，而中国台湾引进的是经过西德改良和培育的新品种，血鹦鹉鱼的名字也就此传开。其因全身鲜红、体形短圆、嘴呈心形且无法合拢及有"招财进宝""驱鬼镇宅"等寓意，深受广大消费者的喜爱。

血鹦鹉鱼是杂交繁殖出来的变种鱼，因此其品系不一，分为双凸血鹦鹉鱼、微双凸血鹦鹉鱼、斜头血鹦鹉鱼、大型帝王血鹦鹉鱼、金刚血鹦鹉鱼等，也有少量因为幼鱼期受伤或基因不全的天生畸形鱼，如丧失了部分背鳍（甚至是前背部的肌肉）或丧失了部分尾鳍，以其旺盛的生命力依然努力存活下来的个体，于是市场上出现少量"独角血鹦鹉鱼"或"独角兽"、"甜心血鹦鹉鱼"或"一颗心"，而后养殖者由于市场上供不应求和

1

经济利益的驱使，采用人工手术的方法将 2～3cm 血鹦鹉鱼幼苗的前背部或尾部切除，经消毒后人工养大，填补了市场上"独角血鹦鹉鱼""甜心血鹦鹉鱼"的空缺。此外，一些养殖者原本希望将体色表现差的血鹦鹉鱼注射红色色素后，改良其颜色，但同时发现血鹦鹉鱼还能呈现出紫红色的效果，且更加鲜艳、卖相更佳，因此"紫鹦鹉鱼"便横空出世，后经业者不懈努力，"绿鹦鹉鱼""蓝鹦鹉鱼"等彩色鹦鹉鱼相继问世。目前，血鹦鹉鱼已从原本相当尊贵稀少的品种，成为最为普遍的鱼种。

研究发现，红头丽体鱼和红魔丽体鱼正交（*Cichlasoma synspilum* ♀ × *C. citrinellum* ♂）和反交（*Cichlasoma citrinellum* ♀ × *C. synspilum* ♂）（彩图 1）均能杂交出血鹦鹉鱼。正交配对的亲鱼产卵频率为 10～15d 一次，产卵量一般为 500～1 200 粒，后代优质血鹦鹉鱼选出比例较高；反交配对的亲鱼产卵频率为 20d 左右一次，产卵量一般为 1 500～2 000 粒，后代优质血鹦鹉鱼选出比例相对较低。

二、血鹦鹉鱼的分类

血鹦鹉鱼属于硬骨鱼纲、鲈形目中的鲈形亚目、慈鲷科。由于在红头丽体鱼和红魔丽体鱼配种繁殖中产生了许多不同的品系（彩图 2），根据目前市场上血鹦鹉鱼的颜色、体形品级等标准，可分为 14 个商品子品系，分别是血鹦鹉鱼、甜心血鹦鹉鱼、独角血鹦鹉鱼、斑马血鹦鹉鱼、金刚血鹦鹉鱼、红白血鹦鹉鱼、红财神、红元宝、西瓜皮血鹦鹉鱼、梅花血鹦鹉鱼、虎斑血鹦鹉鱼、糖果血鹦鹉鱼、发光血鹦鹉鱼。

1. 血鹦鹉鱼

中国台湾利用红头丽体鱼与红魔丽体鱼杂交产生的后代，体色有红色及红白双色，前额到背部呈 B 状突起（彩图 3）。

2. 甜心血鹦鹉鱼

甜心血鹦鹉鱼又称"一颗心鹦鹉"，是改造的人工品种。在幼鱼期把其尾鳍和尾柄一起剪掉，长大后，背鳍和腹鳍即形成优美的弧线，呈桃心状（彩图 4）。习性与饲养方式与普通血鹦鹉鱼相同。

3. 独角血鹦鹉鱼

独角血鹦鹉鱼原本是极为稀有的自然变异品种，在额头部位有如独角兽一般的头鳍，习性与饲养方式与普通血鹦鹉鱼相同。目前市面上也存在人工独角血鹦鹉鱼，即在幼鱼期加工头部。区别方法是自然产生的"独角"可以前后摆动，而加工得到的"独角"是固定的，不会摆动（彩图 5）。

4. 斑马血鹦鹉鱼

斑马血鹦鹉鱼是自然变异品种，红色体色外有黑色斑纹（彩图 6）。一般情况下，黑色斑纹会随着鱼成长而变窄和消褪，能保持黑色斑纹的斑马血鹦鹉鱼极为稀有。习性与饲养方式与普通血鹦鹉鱼相同。

5. 金刚血鹦鹉鱼

金刚血鹦鹉鱼是由红魔丽体鱼公鱼及改良过的红头丽体鱼母鱼繁殖出来的较大型血鹦鹉鱼。通常认为体长超过 30cm 的血鹦鹉鱼为金刚血鹦鹉鱼，其体形浑圆巨大，嘴形呈一字或者小 V 形（彩图 7）。部分金刚血鹦鹉鱼额头隆起，和环境与营养有关。

6. 红白血鹦鹉鱼

红白血鹦鹉鱼是血鹦鹉鱼的变异品种，体表呈白色底色带有红色斑块，俗称"红白鹦鹉"（彩图 8），数量十分稀有，价格较为昂贵；也有极少数只呈白底色，好似只着一身白色的外衣，全身似雪一样洁白，俗称"白雪鹦鹉"（彩图 9）；也有白底色且只有眼部着红色的鹦鹉鱼，俗称"雪中红"。

7. 红财神

红财神体色十分艳丽，体长可达 28～30cm，体质量可达 1kg 以上。特点是独有的鲜红色和高高隆起的额头，如同财神头戴的高帽，故起名红财神（彩图 10）。

8. 红元宝

"元宝级"血鹦鹉鱼的头部和背部关节不像普通血鹦鹉鱼那样下垂，而是以光滑的弧线直接过渡，身体是短而圆的。红元宝身形浑圆，颜色艳丽，其浑圆饱满厚实的外形如同招财进宝的红元宝，嘴为厚厚的平行嘴，背鳍和臀鳍长度超过尾鳍。2 龄鱼体重在 1kg 以上，体长超过 30cm。性格温和，体质强健，易于饲养（彩图 11）。

9. 西瓜皮血鹦鹉鱼

该鱼为人工种，通过采用技术手段向血鹦鹉鱼注入带有颜色的染料，在其体表"雕刻"出2条绿条、1条红条，形似西瓜皮，故称西瓜皮血鹦鹉鱼（彩图12）。

10. 梅花血鹦鹉鱼

该鱼为人工种，通过技术手段在血鹦鹉鱼体表上"雕刻"出梅花的形状。梅花血鹦鹉鱼体表的图案都是激光打上去的，而且激光上色降低了它们的抵抗能力，所以该鱼寿命不会很长（彩图13）。

11. 虎斑血鹦鹉鱼

血鹦鹉鱼幼鱼期褪色时，体表的黑色未褪完全，形似老虎斑纹，俗称虎斑血鹦鹉鱼或虎皮血鹦鹉鱼（彩图14）。

12. 糖果血鹦鹉鱼

糖果血鹦鹉鱼（彩图15）是通过人工着色产生的加工品种，习性与饲养方式与普通血鹦鹉鱼相同。最早人们是对颜色较差的血鹦鹉鱼注射红色色素来增强卖相，后发现可呈现出艳丽的紫红色效果，之后将人工着色所诞生的彩色血鹦鹉鱼，统称为糖果血鹦鹉鱼。目前糖果血鹦鹉鱼有紫红、橙色、黄色、绿色、青色、蓝色、紫色等多种颜色。

13. 发光血鹦鹉鱼

发光血鹦鹉鱼（彩图16）是通过注射荧光剂形成的人工品种。通过在背鳍下方注射特有荧光注射剂，可使血鹦鹉鱼在夜晚漆黑环境中呈现荧光效果。习性与饲养方式与普通血鹦鹉鱼相同。

三、血鹦鹉鱼的生活习性

血鹦鹉鱼平均寿命大约是7龄，可生长至20cm左右，最大可达12龄。通常情况下，血鹦鹉鱼在2~3龄时体色最亮最为鲜艳，眼睛明亮有神，各鳍展开，偶尔会有相互追逐的生动画面，这个时期，有些血鹦鹉鱼开始成熟产卵，公的血鹦鹉鱼也会展开求偶攻势并与别的公鱼竞争，直至母鱼首肯，共结连理，割地为界，共筑爱巢，清洁产床，产卵布精，护卵，共同抵御别的血鹦鹉鱼入侵。虽然最后都是发霉卵，孵不出小鱼，但这是它们的天性，只要是饲养环境良好就会不断上演。一般血鹦鹉鱼到了4龄以后，身体状况就会逐渐走下坡，如颜色渐渐由鲜艳亮红色转变为不均匀的橘红或淡粉红色，鳞片不再紧贴细腻而转为粗糙没有光泽；背鳍和尾鳍不再挺直有张力，逐渐呈现为无力状，年纪更大后尾鳍也会下垂，表现出行动缓慢、呼吸急促的老态行为，随着时间流逝生命会逐渐凋零。

因此，建议通常当血鹦鹉鱼养殖3～5年后，最好能够再准备一批青壮血鹦鹉鱼加入饲养行列。由于青壮血鹦鹉鱼大多胆子比较小，喜欢躲在角落，挤到一起，喂饲料时会像偷吃东西一样，飞快吃到1～2粒饲料就躲在一旁，因此如果有老成持重的血鹦鹉鱼带领，它们会很快进入状态在缸内游动。

四、血鹦鹉鱼分级规则

随着血鹦鹉鱼产业的不断发展，消费者鉴赏水平也越来越高，对高品质的血鹦鹉鱼需求日益旺盛，产业技术人员越来越重视高品质血鹦鹉鱼的定向培育技术和方法。目前血鹦鹉鱼分为五个等级：AAAA（金刚级）、AAA（元宝级）、AA级、A级、B级。表1-1为GB/T 30946—2014《观赏鱼分级规则　血鹦鹉鱼》的分级标准。

表1-1　血鹦鹉鱼分级指标

级别	规格	体形	头形	嘴形	颜色	其他
AAAA（金刚级）	全长≥6.0cm	①鱼体侧扁，鱼体呈圆形；②体长/体高在1.0	头很小，前背部圆且隆起，自头部延伸到前背部无凹陷	嘴部呈一字形	全身红色（1673、1674、1675），无黑色色斑	鱼健康，鳍条无损，鳞片完整，眼球透明饱满，鳃丝清晰等
AAA（元宝级）	全长≥6.0cm	①鱼体侧扁，鱼体呈圆形；②体长/体高在1.0～1.1	头很小，前背部浑圆隆起，自头部延伸到前背部稍有凹陷	嘴部呈T字形、月牙形或三角形	全身红色（1673、1674、1675），无黑色色斑	鱼健康，鳍条无损，鳞片完整，眼球透明饱满，鳃丝清晰等

（续）

级别	规格	体形	头形	嘴形	颜色	其他
AA级	全长≥7.0cm	①鱼体侧扁，鱼体呈浑圆；②体长/体高在1.0~1.2	头较小，前背部浑圆隆起，自头部延伸到前背部有明显的凹陷	嘴部无上下颚区分，外缘呈倒三角形，内部的口裂呈现T字形或8字形	全身红色（1673、1674、1675），无黑色色斑	鱼健康，鳍条无损，鳞片完整，眼球透明饱满，鳃丝清晰等
A级	全长≥7.0cm	①鱼体侧扁，鱼体呈浑圆；②体长/体高在1.2~1.3	头稍大，前背部浑圆隆起，自头部延伸到前背部有小幅凹陷	嘴部无上下颚区分，外缘呈倒三角形，内部的口裂呈现T字形或8字形	全身红色（1673、1674、1675）或橙色（0124、0134、0185、1096、1094），无黑色色斑	鱼健康，鳍条无损，鳞片完整，眼球透明饱满，鳃丝清晰等
B级	全长≥7.0cm	①鱼体稍微呈侧扁和延长；②体长/体高在1.3左右	头稍大，前背部隆起与头部延伸到前背部有小幅凹陷	嘴部部分有上下颚区分，内外缘皆呈倒三角形，且开口较大	全身橙色（0124、0134、0185、1096、1094）或桃红色（1671、1672、1676），无黑色色斑	鱼健康，鳍条无损，鳞片完整，眼球透明饱满，鳃丝清晰等

注：颜色编码为"中国国家标准建筑色卡 GSB 16-1517.1—2002"的色号。颜色的表达根据GB/T 18922—2008。

第二节　中国血鹦鹉鱼产业发展现状

中国血鹦鹉鱼的养殖区域集中于天津、上海、广东、海南等地，据初步估计，中国血鹦鹉鱼年产量约为4亿尾，经济价值约为100亿元，有效带动了饲料、鱼缸、渔药、水族和运输等行业的发展，初步估计带动相关行业经济发展达300亿元。

近几年来，随着血鹦鹉鱼养殖技术的逐渐提高和大众审美的不断提高，消费者对血鹦鹉鱼品级的要求越来越高，原来流通于市场的A级鱼、B级鱼已逐渐不能满足消费者的需要，元宝级等高品质的血鹦鹉鱼需求日趋迫切。元宝级血鹦鹉鱼的头背部交接部位不像普通血鹦鹉鱼那样凹陷很多，而是以比较圆滑的弧线直接过渡下来，身体明显短圆，肚大，整体体形更好看。

目前，血鹦鹉鱼养殖模式主要有水库网箱养殖模式、车间＋温棚养殖模式、车间＋温棚＋外塘接力养殖模式。水库网箱养殖模式的主要养殖区域为我国海南岛地区，由于前期投放的均是经过挑选（去除尖头和褪色不完全个体）的鱼种，故其养殖出的元宝级血鹦鹉鱼选出率高，次品较少，但由于其生长速度较快，体形稳定性较差，后期消费者养殖时体形易走形，且随着人们环保意识的增强，这种养殖模式已逐渐被淘汰。车间＋温棚养殖模式主要养殖区域为我国北方地区，一般在车间进行孵化，在温棚进行养殖，该模式养殖成本较网箱养殖成本高，养殖血鹦鹉鱼的密度一般较大且需要经常挑选。该模式投放养殖的血鹦鹉鱼从苗种开始计算，因此元宝级血鹦鹉鱼的选出率较低。车间＋温棚＋外塘接力养殖模式是在车间＋温棚养殖模式的基础上发展起来的，主要特点是利用北方地区夏季高温且外塘饵料生物丰富的优点进行接力养殖，待天气转凉后再转入温棚中进行越冬养殖，该模式较车间＋温棚养殖模式养殖成本低，且养殖出的血鹦鹉鱼体形、体色较为漂亮，一般来说，该模式培育养殖的元宝级血鹦鹉鱼的选出率稍高于车间＋温棚养殖模式。

由于雌性血鹦鹉鱼的卵巢能够正常发育并排卵，大部分雄性血鹦鹉鱼的精巢属于不完全能育型、极少数为完全不育型，因此雌雄血鹦鹉鱼不能繁殖后代。而雌性血鹦鹉鱼和某些品种的雄性鱼可以杂交出后代，如用雄性红头丽体鱼、红魔丽体鱼的精子与血鹦鹉鱼卵授精，可以杂交出一些观赏鱼新品种（系）。

第三节　中国血鹦鹉鱼产业存在的问题及发展趋势

一、存在的问题

近年来，我国血鹦鹉鱼产业得到了快速发展，取得了一定的成绩，但产业发展的过程中还面临着诸多问题。

一是养殖技术有待规范与提升。一些血鹦鹉鱼的品种在养殖过程中出现了抗病能力下降、生长速度减缓等问题，导致整体品质下降。另外，随着人们审美要求的不断提高，市场对高品质级别的血鹦鹉鱼的需求更多。

二是专业技术人才短缺。由于血鹦鹉鱼的育种和养殖需要具备一定的专业知识和技能，特别是亲本配组和遗传评估方面缺乏专业的技术人员，从业人员的能力和素质相对较低，制约了血鹦鹉鱼产业技术的创新和发展。

三是政策支持力度不够。尽管国家目前已出台一些相关政策，如《"十四五"推进农业农村现代化规划》《"十四五"全国渔业发展规划》等，增强了全国各地对休闲渔业的认识和重视，但政策支持力度还远远不够，尤其缺乏专门用于休闲渔业的中央财政资金和金融、保险支持政策，许多企业在生产经营过程中存在融资难、用地难等问题，限制了企业的发展。

四是产业标准化缺失。养殖生产过程缺乏统一的标准和规范，存在滥用违禁药品、养殖繁殖用水随意排放等现象，给水体污染带来极大威胁，这些操作都违背了渔业可持续发展的方针政策。

尽管新冠疫情对休闲渔业造成了很大影响，短期内社会需求大幅缩减，但从长远发展看，随着政策环境进一步规范，消费者对观赏鱼的认知不断提高，人们对这种美丽的观赏鱼的兴趣日益增加，家庭养鱼、水族馆和休闲渔业等领域的需求会逐步扩大。因此，观赏鱼市场的需求会稳步提升。

二、发展趋势

一是养殖技术不断提升。随着科学技术的不断进步，血鹦鹉鱼的养殖技术也在不断提高。先进的养殖设备、新的饲料和营养补充剂的不断推出，为提高血鹦鹉鱼的生长速度、抗病能力和产量提供了强有力的支持。同时，也使得养殖过程更加环保和可持续。

二是注重人才的培养与引进。为了满足市场需求和提高养殖效益，企业越来越关注血鹦鹉鱼的遗传育种，加强专业技术人才的培养和引进，规范亲本的筛选和遗传评估，将分子辅助育种和杂交育种等方式有机结合，不断培育出具有优良性状的新品种，以提高产量和品质。

三是政策支持力度加大。由于观赏鱼产业具有投入产出比高、创汇率高的优点，在构建地区生态宜居型城区规划中占有重要地位，政府对休闲渔业的支持力度也在不断加大。政府出台了一系列扶持政策，包括财政资金支持、税收优惠等，为血鹦鹉鱼产业的发展提供了有力保障。

四是建立完善血鹦鹉鱼产业标准体系。由于缺乏统一的标准和规范，导致不同地区、不同企业的血鹦鹉鱼产品质量存在较大差异。这不仅影响了市场的公平竞争，也给消费者带来了不利影响。因此，建立完善的血鹦鹉鱼产业标准体系势在必行。

第二章

血鹦鹉鱼人工繁殖技术

第一节 血鹦鹉鱼与其亲本形态学指标的相关性分析

本节利用传统形态学方法和多元分析方法对血鹦鹉鱼及其亲本红头丽体鱼和红魔丽体鱼之间进行形态差异分析，揭示血鹦鹉鱼与其亲本之间的亲缘关系，找出对血鹦鹉鱼影响较大的形态特征，为血鹦鹉鱼的亲鱼配组、品级选优、种质鉴定及养殖推广提供基础资料和理论指导。

一、材料与方法

（一）实验材料

22 对红头丽体鱼和红魔丽体鱼取自天津市里自沽农场，血鹦鹉鱼为22 对亲鱼孵化所得仔鱼经培育而成的商品鱼。血鹦鹉鱼每组测定 30 尾。

（二）测定指标

红头丽体鱼和红魔丽体鱼测定全长（X_1）、体长（X_2）、体高（X_3）、头长（X_4）、尾柄长（X_5）、尾柄高（X_6）、吻长（X_7）、眼径（X_8）、眼间距（X_9）、体质量（X_{10}）、额顶（X_{11}）等 11 项指标，并两两相比。血鹦鹉鱼测定全长（Y_1）、体长（Y_2）和体高（Y_3），并两两相比。

（三）分析方法

所得数据用 Excel 2003 和 SPSS 17.0 进行相关性分析和回归分析。

二、结果与分析

（一）血鹦鹉鱼与其亲本形态学指标的描述性分析

实验所测的血鹦鹉鱼的主要形态学指标的变化范围如表 2-1 所示。方差分析表明，由 22 对亲鱼繁殖的血鹦鹉鱼的体长/体高、全长/体高和全长/体长都存在显著差异（$P < 0.05$）。

表 2-1 实验所测血鹦鹉鱼主要形态学指标变化范围

项目	比值
体长/体高	1.65 ± 0.24
全长/体高	2.25 ± 0.27
全长/体长	1.37 ± 0.11

实验所测的血鹦鹉鱼亲本的主要形态学指标的变化范围如表 2-2 所示。方差分析表明红头丽体鱼与红魔丽体鱼的全长/眼间距、全长/体质量、体长/尾柄长、体长/体质量、体长/眼间距、体高/尾柄长、体高/眼间距、体高/体质量、尾柄长/体质量、尾柄高/眼间距和体质量/额顶存在显著差异（$P < 0.05$）。

表 2-2 实验所测血鹦鹉鱼亲本主要形态学指标变化范围

项目	红头丽体鱼	红魔丽体鱼
全长/体长	1.29 ± 0.03	1.38 ± 0.38
全长/体高	2.48 ± 0.44	3.00 ± 1.61
全长/头长	4.21 ± 0.22	4.04 ± 1.52
全长/尾柄长	10.14 ± 1.93	10.70 ± 2.24
全长/尾柄高	7.87 ± 0.64	8.02 ± 1.04
全长/吻长	11.03 ± 1.78	10.33 ± 3.63
全长/眼径	18.86 ± 2.09	17.10 ± 2.33
全长/眼间距	8.85 ± 0.64	7.98 ± 0.96
全长/体质量	0.20 ± 0.30	0.10 ± 0.02
全长/额顶	8.91 ± 1.34	8.97 ± 1.03
体长/体高	1.92 ± 0.34	2.11 ± 0.34

（续）

项目	红头丽体鱼	红魔丽体鱼
体长/头长	3.27±0.18	2.90±0.38
体长/尾柄长	7.86±1.50	8.06±2.12
体长/尾柄高	6.10±0.48	6.09±1.20
体长/吻长	8.54±1.36	7.53±2.28
体长/眼径	14.62±1.69	12.99±2.57
体长/眼间距	6.86±0.53	5.98±1.15
体长/体质量	0.16±0.23	0.07±0.02
体长/额顶	6.90±1.04	6.75±1.33
体高/头长	1.79±0.57	1.39±0.18
体高/尾柄长	4.34±1.74	3.94±1.20
体高/尾柄高	3.39±1.36	2.97±0.62
体高/吻长	4.66±1.55	3.60±1.04
体高/眼径	8.05±2.79	6.36±1.41
体高/眼间距	3.79±1.36	2.90±0.57
体高/体质量	0.09±0.12	0.03±0.01
体高/额顶	3.81±1.40	3.27±0.64
头长/尾柄长	2.41±0.44	2.81±0.72
头长/尾柄高	1.88±0.20	2.15±0.49
头长/吻长	2.62±0.40	2.61±0.76
头长/眼径	4.49±0.57	4.57±1.02
头长/眼间距	2.10±0.17	2.09±0.38
头长/体质量	0.05±0.07	0.03±0.01
头长/额顶	2.12±0.36	2.36±0.46
尾柄长/尾柄高	0.81±0.18	0.78±0.21
尾柄长/吻长	1.11±0.20	1.00±0.41
尾柄长/眼径	1.93±0.46	1.67±0.46
尾柄长/眼间距	0.90±0.19	0.78±0.19
尾柄长/体质量	0.02±0.04	0.01±0.00
尾柄长/额顶	0.92±0.28	0.87±0.20

（续）

项目	红头丽体鱼	红魔丽体鱼
尾柄高/吻长	1.41±0.22	1.37±0.89
尾柄高/眼径	2.41±0.29	2.13±0.16
尾柄高/眼间距	1.13±0.12	1.02±0.26
尾柄高/体质量	0.03±0.04	0.01±0.00
尾柄高/额顶	1.14±0.19	1.14±0.24
吻长/眼径	1.75±0.30	2.23±2.40
吻长/眼间距	0.82±0.14	0.99±0.99
吻长/体质量	0.02±0.04	0.01±0.01
吻长/额顶	0.84±0.24	1.14±1.19
眼径/眼间距	0.47±0.05	0.48±0.14
眼径/体质量	0.01±0.02	0.01±0.01
眼径/额顶	0.48±0.09	0.54±0.13
眼间距/体质量	0.02±0.03	0.01±0.01
眼间距/额顶	1.01±0.15	1.13±0.12
体质量/额顶	77.12±30.49	97.47±20.98

（二）血鹦鹉鱼与其亲本形态学指标的相关性分析

血鹦鹉鱼与其亲本的多项形态学指标存在显著（$P<0.05$）的相关关系。具体相关系数如表 2-3、表 2-4 所示。

表 2-3　血鹦鹉鱼与红魔丽体鱼形态学指标相关系数

指标	全长/头长	全长/吻长	全长/眼间距	体长/头长	体长/吻长	体长/眼间距	体高/头长	体高/吻长	头长/吻长	尾柄高/吻长	吻长/眼径
体长/体高	0.777	0.805	\	0.888	0.883	\	0.849	0.872	0.745	0.749	\
全长/体高	0.844	0.857	0.771	0.950	0.930	0.786	0.911	0.917	0.764	0.737	−0.742

表 2-4　血鹦鹉鱼与红头丽体鱼形态学指标相关系数

指标	全长/体高	全长/尾柄高	体长/体高	体高/眼间距	尾柄高/眼间距
体长/体高	0.792	0.811	0.741	−0.851	−0.749
全长/体高	\	\	\	−0.782	\

从表2-3和表2-4可以看出，血鹦鹉鱼的体长/体高与其父本红魔丽体鱼的8项指标存在显著的相关关系，与其母本红头丽体鱼5项指标存在显著的相关关系；血鹦鹉鱼的全长/体高与其父本红魔丽体鱼的11项指标存在显著的相关关系，与其母本红头丽体鱼的1项指标存在显著的相关关系。

（三）血鹦鹉鱼与其亲本形态学指标的回归分析

分别选取血鹦鹉鱼的体长/体高和全长/体高为因变量，其亲本红魔丽体鱼和红头丽体鱼的形态学指标为自变量，进行逐步回归分析。根据显著性检验，剔除不显著因素获得血鹦鹉鱼与红魔丽体鱼形态学指标的回归方程。

$$Y_2/Y_3 = 1.144X_2/X_4 - 0.461X_6/X_{11}$$

$$Y_1/Y_3 = 0.950X_2/X_4$$

根据显著性检验，剔除不显著因素获得血鹦鹉鱼与其母本红头丽体鱼形态学指标的回归方程。

$$Y_2/Y_3 = -0.851X_3/X_9$$

$$Y_1/Y_3 = -4.331X_3/X_9 + 7.777X_3/X_{11} - 5.946X_9/X_{11} +$$
$$0.153X_1/X_4 - 0.027X_2/X_{11} - 0.002\ X_7/X_{11} + 0.001X_1/X_{11}$$

三、讨论与结论

本实验结果表明不同亲本组合繁殖的血鹦鹉鱼体型存在显著的差异，说明其体型存在明显的分化。血鹦鹉鱼分级规则按体型等指标将其分为五类，体长/体高越接近1.0，观赏价值越高。不同学者研究发现不同杂交F_1各性状受亲本的影响程度各不相同，但存在较为稳定的亲本偏向趋势。林婷婷等（2016）对宝石鲈、淡水黑鲷及其杂交子一代胜斑进行体色和体型的研究发现，胜斑体色偏向于母本淡水黑鲷，而形态较偏向于父本宝石鲈；刘苏等（2011）对斑鳢、乌鳢及其杂交种形态差异研究发现，杂交种在体表斑纹上偏向于母本斑鳢，体型和形态近似于父本乌鳢；赵建等（2008）对翘嘴鳜、斑鳜及其杂交种形态差异研究发现，杂交种在体型和斑纹方面偏向于母本，而生长和个体大小则偏向于父本。结合血鹦鹉鱼形态学指标与其亲本红魔丽体鱼和红头丽体鱼形态学指标的相关性分析和回归分析，发现血鹦鹉鱼的体长/体高和全长/体高都与其父本红魔丽体鱼的体长/头长存在正相关关系，血鹦鹉鱼的体长/体高和全长/体高都与其母本红头丽体鱼的体高/眼间距存在显著的负相关关系，因此在生产实践中在亲鱼配组时可以通过体长/头长来选择其父本红魔丽体鱼，通过体高/眼间距来选择其母本红头丽体鱼，以提高血鹦鹉鱼的优级品产出率，降低血鹦鹉鱼的尖头率。

四、技术应用后效果

应用该技术进行血鹦鹉鱼亲本挑选及配组后，对 15 个家系的 1 790 个个体进行抽样检测（实施前、后抽检结果见表 2－5 和表 2－6），尖头率较项目实施前降低了 8.87 个百分点，黑色率降低了 13.67 个百分点。说明该项技术的应用可以显著降低血鹦鹉鱼的尖头率和黑色率，提高血鹦鹉鱼的优级品产出率。

表 2－5 项目实施前的尖头率、黑色率统计

家系	受精卵（个）	尖头率（％）	黑色率（％）
B5-47	982	20.77	37.69
F6-63	1 230	0.00	30
B3-98	727	46.70	26.67
A1-67	1 453	0.00	33.33
A1-19	864	35.48	25.81
C2-35	1 008	18.33	11.66
B2-15	653	0.00	43.75
B3-68	1 160	7.40	29.63
A1-07	1 435	10.00	13.33
E3-37	958	17.64	60.78
均值	/	15.63	31.27

表 2－6 项目实施后的尖头率、黑色率统计

家系	受精卵（个）	尖头率（％）	黑色率（％）
B4-4	851	0.00	16.00
F6-16	937	0.00	20.65

（续）

家系	受精卵 （个）	尖头率 （%）	黑色率 （%）
A3-97	1 814	0.00	37.93
E4-14	1 680	0.00	21.37
B1-55	1 863	46.85	16.95
F6-91	680	0.00	14.78
F1-80	630	0.00	0.00
F1-86	1 160	0.00	20.90
C4-63	1 281	0.00	0.00
F2-58	892	4.24	18.63
D4-46	1 180	0.00	9.43
C4-3	1 591	45.19	15.79
F5-18	1 220	0.00	24.11
F1-34	1 329	0.00	18.10
E5-24	1 062	0.00	29.31
均值	/	6.76	17.60

第二节 血鹦鹉鱼胚胎发育及仔鱼形态学观察

一、材料与方法

（一）受精卵获得及孵化

实验于 2012 年 11 月在天津市里自沽实业有限公司进行。受精卵采自种鱼车间的种鱼缸（42cm×40cm×40cm），产卵方式为自然产卵。发现产卵后立即将附着受精卵的瓦片放入孵化缸（40cm×30cm×30cm），孵化水温为 (30±0.5)℃，流水孵化，施加终浓度为 0.22mg/L 的 $CuSO_4$ 溶液，预防鱼卵孵化期间丝状菌的发生。

（二）仔鱼、稚鱼、幼鱼的培育

仔鱼孵出后，先在孵化缸中培育，仔鱼孵出 3d 后具有游动能力时投喂开口饵料，仔鱼的开口饵料为孵化的丰年虫和购买的"洄水"，洄水主要成分是褶皱臂尾轮虫、桡足类无节幼体及其卵子。随着仔鱼的生长，约 10d 以后，逐渐投喂血鹦鹉鱼专用配合饲料（成分见表 2-7）。饲料主要成分为：白鱼粉、大豆浓缩蛋白、精制面粉、南极磷虾粉、优质丰年虫、螺旋藻、鱼油及各种维生素等。

表 2-7 血鹦鹉鱼专用配合饲料（%）

营养成分	含量
粗蛋白	≥52
粗脂肪	≥9.0
粗灰分	≤16
粗纤维	≤3.0
Ca	≥2.0
总磷	≥1.8
赖氨酸	≥3.5
水分	≤10.0

（三）标本的取样和观察

胚胎发育观测：用解剖刀在瓦片上轻取适量的受精卵，快速放入盛有水的烧杯中，以不同时间间隔多个取样，在 OLYMPUS SZX16 解剖镜下连续观察，应用 QCapture pro6.0 软件进行生物学测量和拍摄。以样本中50%胚胎发育到某个时期的时间作为该时期的发育时长。从仔鱼破膜后开始，每天从孵化缸中和培育池中随机取样，观察仔鱼、稚鱼、幼鱼不同发育时期的形态特征和器官发育。仔鱼测量全长、肛后距、卵黄长径、卵黄短径。幼鱼阶段测量全长、体长、肛后距、体高、体厚。数据以平均值±SD 表示。受精率和孵化率的计算参照鳙鱼（♂）和赤眼鳟（♀）杂交 F_1 胚胎发育研究等进行。

受精率 =（受精卵粒数 ÷ 检查卵的总数）×100%

孵化率 =（出膜仔鱼数 ÷ 受精卵总数）×100%

有效积温 = 某一昼夜水体温度平均值（℃）×某一发育阶段的时长（h）

二、结果与分析

（一）受精率和孵化率

在孵化水质条件相同的情况下，血鹦鹉鱼的受精率和孵化率见表 2-8。

表 2-8　血鹦鹉鱼的受精率和孵化率

试验次数	受精率（%）	孵化率（%）
1	94	90
2	88	91
3	92	94
平均	91.33±3.06	91.67±2.08

（二）胚胎发育

血鹦鹉鱼受精卵（彩图 17-1）呈椭圆形，为黏性卵，颜色有浅黄色、灰白色、红色，为端黄卵，胚盘形成于动物极，在水温为（30±0.5）℃的条件下孵化，历时 52h36min 全部孵化出膜，完成胚胎发育。血鹦鹉鱼胚胎发育可分为受精卵阶段、卵裂阶段、原肠期、神经胚期、器官形成期、孵出期。胚胎发育观察及各个阶段的主要特征见表 2-9。

1. 受精卵阶段

血鹦鹉鱼卵裂方式为典型的盘状卵裂，在受精后 46min，受精卵的动物极开始出现胚盘，从侧面观可见胚盘如帽状突起（彩图 17-2）。

2. 卵裂阶段

受精后 1h25min 进入细胞分裂期，胚盘第一次卵裂，形成大小相等的 2 个分裂球（彩图 17-3）。受精后 1h50min，出现第二次卵裂，分裂面与第一次分裂面垂直，形成大小相等的 4 个分裂球（彩图 17-4）。受精后 2h10min，出现第三次卵裂，有 2 个分裂面且都与第一次分裂面平行，形成 2 排大小均匀的 8 个分裂球（彩图 17-5）。受精后 2h22min，出现第四次卵裂，形成 4×4 型 16 个分裂球（彩图 17-6）。受精后 3h8min，出现第五次卵裂，从这次卵裂开始，分裂面失去规则，无法辨认是垂直分裂还是水平分裂，分裂完成后，细胞大小不等，排列不规则，进入 32 细胞期（彩图 17-7）。受精后 3h20min，细胞出现第六次分裂，进入 64 细胞期（彩图 17-8），细胞排列不规则，大小不等，形状不同，分裂面混乱不清。受精后 4h24min，细胞明显变小变多，无法计数，整个细胞团仍近似方形轮廓，进入多细胞期（彩图 17-9）。受精后 6h14min，细胞变得更小，近似圆球形，细胞界限难以分辨，整个细胞呈圆形，胚胎进入桑葚期

（彩图17-10）。受精后6h40min，细胞层面开始出现，胚盘与卵黄之间形成囊胚腔，囊胚中间明显向上隆起，此时进入高囊胚期（彩图17-11）。此后隆起的部分开始变低，受精后7h50min，囊胚边缘变薄，细胞开始下包，进入低囊胚期（彩图17-12）。

3. 原肠期

受精后11h11min，囊胚层细胞向下包围卵黄约1/4，发育至原肠早期（彩图17-13）。受精后14h48min，囊胚层细胞下包卵黄约1/2，胚环居卵黄中间，进入原肠中期（彩图17-14）。受精后17h32min，囊胚层细胞下包卵黄3/4处，胚胎发育至原肠末期（彩图17-15）。

4. 神经胚期

受精后20h24min，胚体背面增厚，形成折光性较强的神经板，中央隐约可见一条圆柱形脊索，进入胚体形成期（彩图17-16）。接着胚环逐渐下包收缩成胚孔，受精后22h54min，胚层下包整个胚胎，胚孔封闭，进入胚孔封闭期（彩图17-17）。

5. 器官形成期

受精后24h24min，胚体的头部前两侧出现两个突起，为眼原基，视囊形成，胚体进入视囊形成期（彩图17-18）。受精后26h20min，脊索出现长方形体节，胚体进入体节形成期（彩图17-19）。受精后29h6min，在胚体头部视囊后出现1对听囊，此时肌节增多，胚体进入听囊形成期（彩图17-20）。受精后32h46min，晶体形成（彩图17-21）。受精后34h12min，头部开始与卵分开（彩图17-22）。受精后36h31min，心脏开始跳动，头与卵分开明显，心脏跳动为19次/min（彩图17-23）。受精后37h44min，心脏跳动加快，为54次/min，肌节增多，卵黄和胚体有黑色素出现。受精后41h5min，血流流动，胚体抖动，心脏跳动为102次/min。受精后42h58min，心脏跳动加快为140次/min。受精后43h24min，尾部与卵黄分开，开始扭动。受精后48h49min，卵黄、胚体黑色素增多，尾部抖动加快，尾部绕卵黄3/4，进入肌肉效应期（彩图17-24）。

6. 孵化期

受精后51h53min，胚体连续抽动，平均120次/min，尾部变长绕至

头部，心脏跳动加快，胚体进入将孵期（彩图 17 - 25）。受精后
52h17min，头部破膜而出，而尾部仍在膜中，也有一部分是躯干部分或
者尾部先破膜。受精后 52h36min，孵出仔鱼，孵化率为 90%，初孵仔鱼
作尾部抖动型游动，瓦片上初孵仔鱼尚未脱离下来。

表 2 - 9　血鹦鹉鱼的胚胎发育过程

发育时期	发育过程	发育时间	受精后时间	主要特征
受精卵阶段	受精	15h30min	0	（彩图 17 - 1）
	胚盘形成	16h16min	46min	侧面观如帽状突起（彩图 17 - 2）
卵裂阶段	2 细胞期	16h55min	1h25min	第 1 次卵裂，形成 2 个细胞（彩图 17 - 3）
	4 细胞期	17h20min	1h50min	第 2 次卵裂，分裂面成十字形，形成 4 个细胞（彩图 17 - 4）
	8 细胞期	17h40min	2h10min	第 3 次卵裂，分裂面与第一次平行，形成 8 个细胞（彩图 17 - 5）
	16 细胞期	17h52min	2h22min	第 4 次卵裂，分裂面与第二次平行，形成 16 个细胞（彩图 17 - 6）
	32 细胞期	18h38min	3h8min	第 5 次卵裂，形成 32 个细胞（彩图 17 - 7）
	64 细胞期	18h52min	3h20min	第 6 次卵裂，形成 64 个细胞（彩图 17 - 8）
	多细胞期	19h56min	4h24min	细胞变小，开始重叠（彩图 17 - 9）
	桑葚期	21h46min	6h14min	细胞变得更小，细胞团似桑葚（彩图 17 - 10）
	高囊胚期	22h12min	6h40min	囊胚高而集中，呈高帽状（彩图 17 - 11）
	低囊胚期	23h22min	7h50min	囊胚边缘变薄，细胞开始下包（彩图 17 - 12）
原肠期	原肠早期	2h43min	11h11min	细胞下包卵黄 1/4 处（彩图 17 - 13）
	原肠中期	6h20min	14h48min	细胞下包卵黄 1/2 处（彩图 17 - 14）
	原肠末期	9h4min	17h32min	细胞下包卵黄 3/4 处（彩图 17 - 15）
神经胚期	胚体形成期	11h54min	20h24min	胚体轮廓清晰（彩图 17 - 16）
	胚孔封闭期	13h24min	22h54min	胚层下包，胚孔将封闭（彩图 17 - 17）

（续）

发育时期	发育过程	发育时间	受精后时间	主要特征
器官形成期	视囊形成期	14h54min	24h24min	胚体头部出现一对视囊（彩图17-18）
	体节形成期	16h50min	26h20min	胚体中部出现体节（彩图17-19）
	听囊形成期	19h36min	29h6min	视囊后边出现一对听囊（彩图17-20）
	晶体形成期	23h16min	32h46min	晶体轮廓形成（彩图17-21）
	头部与卵分开期	42min	34h12min	头部开始与卵分开（彩图17-22）
	心脏跳动期	3h1min	36h31min	心脏开始跳动（彩图17-23）
	血流期	7h35min	41h5min	胚体中血液在流动
	肌肉效应期	15h19min	48h49min	胚体扭动（彩图17-24）
孵出期	将孵期	18h23min	51h53min	胚体剧烈扭动，尾部变长绕至头部。心脏跳动加快
	孵化期	18h57min	52h17min	头部破膜而出，而尾部仍在膜中（彩图17-25）
	初孵期	19h16min	52h36min	全部孵出（彩图18-1）

（三）仔稚幼鱼形态发育特征

1. 前期仔鱼（从孵化出膜至卵黄囊即将完全消失）

（1）初孵仔鱼（彩图18-1）　通体透明，脊索细长略弯曲，位于体上侧，分布少量的色素细胞，全长为（3.71±0.05）mm；卵黄囊位于身体的前位，有黑色素细胞沉着，卵黄长径为（1.74±0.09）mm，短径为（1.25±0.07）mm，肛后距为（1.35±0.05）mm，背、腹及尾部出现鳍褶雏形；观察孵化缸发现，仔鱼尚未脱离附着瓦片，头部黏附在产卵板上，作尾部抖动型游动。

（2）1日龄仔鱼（彩图18-2）　部分鱼体脱离瓦片，在底部作尾部抖动型游动。眼睛有黑色素沉积，卵黄囊已经明显变小；肠道开始膨大，肛门位置移至身体的中部，尾鳍褶上有黄褐色色素出现，脊椎骨下方黑色素细胞增多，鱼体全长为（5.24±0.16）mm，卵黄长径为（1.83±0.08）mm，短径为（1.16±0.03）mm，肛后距为（2.19±0.14）mm。

（3）2日龄仔鱼（彩图18-3）　仔鱼全部脱离瓦片，在孵化缸底部抖动游动。仔鱼全长为（6.08±0.20）mm，卵黄长径为（1.79±0.10）mm，短径为（1.10±0.08）mm，卵黄变得细长。肛后距为

（2.80±0.10）mm，肠道进一步膨大，消化管为直管形状，略微歪曲，背鳍褶、臀鳍褶、腹鳍、尾鳍褶连成一片，头部突出于吻端，且上颌长、下颌短。

（4）3 日龄仔鱼（彩图 18-4）　仔鱼游动能力增强，在缸中下部游动，卵黄已消耗大部分，头部隆起，整个鱼体呈纺锤形。尾鳍鳍条形成，整个尾鳍呈扇形。头部、腹部、尾部黑色素增加。口裂形成，部分仔鱼开始摄食。胃肠道开始变粗，后端肛门开口于体外。胸鳍原基形成。全长为（6.74±0.28）mm，卵黄长径为（1.17±0.22）mm，短径为（0.86±0.16）mm，肛后距为（3.12±0.33）mm。

（5）4 日龄仔鱼（彩图 18-5）　仔鱼游动能力进一步增强，在缸中较为均匀分布地游动，卵黄囊变小变细，口有开闭动作，吻端突出，上颌短，下颌长；胸鳍形成，鱼鳔形成，主动躲避能力增强。全长（7.25±0.32）mm，卵黄长径为（0.90±0.12）mm，短径为（0.71±0.09）mm，肛后距为（3.32±0.24）mm。

（6）5 日龄仔鱼（彩图 18-6）　仔鱼头部黑色素增多，鳃耙形成。下唇黑色素细胞增多。卵黄囊变小，基本消失，近似球形，卵径为（0.57±0.04）mm。脊椎骨下方黑色素细胞增多，尾鳍骨开始分节，标志着尾鳍已经完全形成。背鳍、腹鳍褶变宽变长但还与尾鳍相连，尤其是后部增长明显。仔鱼全长为（7.81±0.21）mm，肛后距为（3.56±0.12）mm。

2. 后期仔鱼（从卵黄囊完成消失至各鳍条基本形成）

（1）6 日龄仔鱼（彩图 18-7）　卵黄囊完全消失，口边黑色素增多，腹鳍原基形成。仔鱼全长为（7.86±0.31）mm，肛后距为（3.52±0.14）mm。

（2）7 日龄仔鱼（彩图 18-8）　背鳍、臀鳍鳍刺原基开始形成，且背鳍、臀鳍后部发育早于前端，臀鳍棘刺发育略晚于背鳍，仍与尾鳍褶相连。腹部上方黑色素增多，且呈点状分布。仔鱼全长为（8.04±0.27）mm，肛后距为（3.63±0.15）mm。

（3）8~9 日龄仔鱼（彩图 18-9）　腹部黑色素增多，腹鳍原基变长。背鳍、臀鳍鳍刺原基完全形成。仔鱼全长为（8.77±0.33）mm，肛后距为（3.94±0.18）mm。

（4）**10 日龄仔鱼**（彩图 18-10） 腹鳍增长，分成两个，每个腹鳍有 4～5 根棘刺。仔鱼全长为（9.33±0.46）mm，肛后距为（4.24±0.24）mm。

（5）**11 日龄仔鱼**（彩图 18-11） 背鳍、臀鳍完全与尾鳍褶分开。棘刺形成，臀鳍具有 14 根棘刺，背鳍具有 29～30 根棘刺，游动能力增强。全长为（11.24±0.48）mm，肛后距为（5.23±0.23）mm。

（6）**12 日龄仔鱼** 臀鳍第 1 根棘刺变长变硬。背鳍第 1、2 根棘刺发育较慢。

（7）**13 日龄仔鱼** 头、背部黑色素增多，呈点状分布，背鳍第 1 棘刺和第 2 棘刺愈合在一起。尾椎骨明显上弯，体表色素增多，逐步加深，各鳍条基本形成，进入稚鱼期。全长为（11.64±0.35）mm，肛后距为（5.45±0.23）mm。

3. 稚鱼期（从鳍条发育完成至鳞片、条斑形成）

（1）**14 日龄仔鱼** 腹部后部的黑色素增多，呈点状分布。背鳍、臀鳍上有黑色素附着。鱼体成集群游动，反应较灵敏。

（2）**15 日龄仔鱼** 整个腹部的黑色素明显增多，腹部中部最多，呈点状。臀鳍后部棘刺分 5 节。全长为（12.02±1.80）mm，肛后距为（5.61±1.23）mm。

（3）**16 日龄仔鱼** 鳍条上黑色素增多。

（4）**17～18 日龄仔鱼** 胸鳍变长，游动能力增强。全长为（13.75±1.12）mm，肛后距为（6.47±0.70）mm。

（5）**20 日龄仔鱼** 在腹部后部出现 4 条"＜"形的灰褐色条斑，靠近尾部的颜色较深。腹部鳞片开始形成。鳞为栉鳞。

（6）**21～22 日龄仔鱼** 腹部鳞片开始增多。全长为（17.43±1.58）mm，肛后距为（8.79±1.01）mm。

（7）**23 日龄仔鱼** 身体上较为均匀地分布着许多黑色斑点。全长为（19.82±1.76）mm，肛后距为（9.89±2.26）mm。

（8）**24～25 日龄仔鱼** 腹部银白色，背部发黑，腹部出现 6 条"＜"形灰褐色条斑，尾柄基部有一黑色斑点。全长为（22.99±2.19）mm，肛后距为（10.85±0.94）mm。

23

（9）**30 日龄仔鱼** 体表鳞片已经形成，在腹部后部出现 6 条"<"形灰褐色条斑，尾柄基部有一黑色斑点。全长为（24.16±2.02）mm，肛后距为（11.45±1.25）mm。

4. 幼鱼期（从鳞片形成至褪色成白鱼）

（1）**36 日龄仔鱼** 全长为（33.51±5.35）mm；体长为（26.64±4.44）mm；肛后距为（15.16±2.62）mm；体高为（13.20±2.22）mm；体厚为（4.98±0.90）mm。背部颜色为浅黄色。

（2）**65～70 日龄仔鱼** 全长为（44.76±9.86）mm；体长为（32.50±7.28）mm；肛后距为（21.65±3.43）mm；体高为（20.85±5.78）mm；体厚为（8.91±2.33）mm。半褪色率为 70%；半褪色至腹部颜色发白，全身为浅黄褐色，背部稍发灰。未褪色的全身发黑，背部为甚，腹部颜色较淡，一般有 6～7 条褐色斑纹。背鳍为 I-Ⅳ-22，腹鳍为 I-4；臀鳍为 I-Ⅳ-7；尾鳍 16。

（3）**85 日龄鱼** 全长为（65.98±6.07）mm；体长为（47.43±4.24）mm；肛后距为（30.70±3.47）mm；体高为（33.34±3.67）mm；体厚为（14.22±1.77）mm。体色为黑色、黑白、白色三种，褪色率为 30%。

（4）**105～110 日龄鱼** 全长为（68.09±5.51）mm；体长为（48.41±4.01）mm；肛后距为（30.71±2.65）mm；体高为（34.43±3.56）mm；体厚为（14.98±1.98）mm；全褪色率为 38.71%，半褪色率为 45.16%，未褪色率为 16.13%。半褪色鱼一般按鳍条、头部、腹下部、背部的顺序褪色。背鳍为 I-XV-10；尾鳍为 15；臀鳍为 I-Ⅵ-8；腹鳍为 I-5；胸鳍为 11。

（5）**167 日龄鱼** 全长为（91.75±6.35）mm；体长为（65.03±4.26）mm；肛后距为（44.54±4.05）mm；体高为（47.54±4.57）mm；体厚为（21.51±2.08）mm。褪色率达到 98% 以上。

在水温（30±0.5）℃的培育条件下，经过 85d 完成仔鱼、稚鱼、幼鱼的发育，经过 167d 仔鱼基本褪色。其全长与孵化后天数的关系见图 2-1。在开口前 3d，仔鱼全长变化很小，这可能与其处在内源性营养阶段有关，只能依靠卵黄提供营养物质和能量；开口后至 13 日龄，生长速度较为缓慢，15～30日龄，是稚鱼发育成幼鱼的变态期，此期间生长迅速，体长增长明显。30日龄后，进入幼鱼期，全长稳定增长。

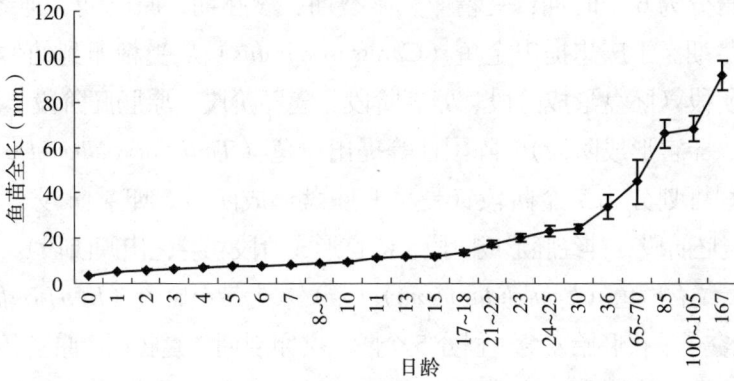

图2-1 血鹦鹉鱼仔鱼、稚鱼、幼鱼的生长曲线

三、讨论

（一）受精率和孵化率

本研究中血鹦鹉鱼的受精率和孵化率分别为91.33%和91.67%，远高于团头鲂（*Megalobrama amblycephala*）（♂）×鲤（*Cyprinus carpio*）（♀）（80%、59.3%）、团头鲂（♂）×鲢（*Hypophthalmichthys molitrix*）（♀）（80%、60%）、框鳞镜鲤（*Cyprinus carpio var. specularis*）（♂）×团头鲂（♀）（84.2%、84.2%）、草鱼（*Ctenopharyngodon idellus*）（♂）×鲤（♀）（90%、75%）、鳙（*Aristichthys nobilis*）（♂）×鲤（♀）（90%、60%）、鳡鱼（*Elopichthys bambusa*）（♂）×赤眼鳟（*Squaliobarbus ourriculus*）（♀）（72.13%、27.40%），说明红魔丽体鱼和红头丽体鱼的属间杂交亲和性较鲤科鱼类强。但比同属慈鲷科的七彩神仙鱼（*Symphysodon aequifasciata*）（98%以上）稍低。这可能是由于七彩神仙鱼亲鱼的产卵数（200～300粒）较血鹦鹉鱼亲鱼（500～2 000粒）少，且受精卵较大，所含的卵黄丰富，可以为受精卵的孵化和各器官的发育提供更多的养料，从而提高了受精卵的受精率和孵化率。血鹦鹉鱼受精卵呈灰白色、浅黄色、红褐色三种颜色，卵的颜色差异可能由种质特征决定，也可能和摄食的饲料成分有关。

（二）胚胎发育阶段划分

观赏鱼类胚胎发育阶段划分有不同的方法。徐玲玲等提出七彩神仙鱼胚胎发育分为 6 个时期：受精卵、卵裂期、囊胚期、原肠期、神经胚期、器官发生期。丁庆忠提出金鱼（Carassius auratus）从受精卵到幼体分为 6 个发育阶段（胚盘形成阶段、卵裂阶段、囊胚阶段、原肠胚阶段、胚体形成阶段、器官形成阶段）。陈国柱等提出唐鱼（Tanichthys albonubes）胚胎发育过程可划分为 7 个阶段（受精卵胚盘形成阶段、卵裂阶段、囊胚阶段、原肠胚阶段、神经胚形成阶段、器官形成阶段和孵化出膜阶段）。李炎璐等提出云纹石斑鱼（Epinephelus moara）（♀）×七带石斑鱼（E. septemfasciatus）（♂）杂交子一代胚胎发育过程分 5 个阶段（卵裂期、囊胚期、原肠胚期、神经胚期、器官形成期）。本研究将血鹦鹉鱼胚胎发育分为 6 个阶段 28 个时期：受精卵阶段（受精、胚盘形成）、卵裂阶段（包括 2 细胞期、4 细胞期、8 细胞期、16 细胞期、32 细胞期、64 细胞期、多细胞期、桑葚期、高囊胚期、低囊胚期）、原肠期（原肠早期、原肠中期、原肠末期）、神经胚期（胚体形成期、胚孔封闭期）、器官形成期（视囊形成期、体节形成期、听囊形成期、晶体形成期、头部与卵分开期、心脏跳动期、血流期、肌肉效应期）、孵出期（将孵期、孵化期、初孵期）。

（三）影响胚胎发育的因素

鱼类胚胎发育的速度与环境温度关系密切，整个发育历程可以用有效积温理论作解释。在一定温度范围内，胚胎发育的速度随着温度的增加而加快，整个过程的总积温不变。本研究水温为 30℃，血鹦鹉鱼的胚胎经过 52h36min 全部孵出，所需总积温 1 570.8℃，发育时间较金鱼慢。七彩神仙鱼（Symphysodon aequifasciata）受精卵在（29.0±0.5）℃时，孵化需 52.5h，所需总积温相近。这可能与物种自身遗传演化所产生的差异有关，同时也说明鱼的亲属关系越相近，在相同条件下，其发育情况越相似。另外在人工养殖环境下，水体的理化因子、饵料来源和营养配比的不同可能会对亲鱼产生影响进而导致一些差异的出现，比如成熟卵的颜色差异、卵径大小差异等。其他更多影响因素还有待进一步研究。

（四）血鹦鹉鱼生长特性的分析

血鹦鹉鱼在依靠内源性营养物质时，生长较为缓慢，3d后开始逐渐摄食轮虫，10d后进入快速生长期，17d后表现尤为突出，这可能是因为它在摄食新的饲料时，需要一定的过渡阶段来适应，也可能是由于15～30日龄正是稚鱼发育成幼鱼的变态期，此期间鱼的各个器官发育较为完善，游动速度快，抢食能力强，生长迅速，体长增长明显。30d后，进入幼鱼期，全长稳定增长。在养殖生产的过程中，一般在30d左右、60d左右、90d左右时，对血鹦鹉鱼挑选尖头（商品价值低）以及黑头（不褪色鱼），在操作的过程中会在一定程度上使鱼产生应激反应，也会影响其摄食。在85d后，鱼基本褪色完成，进入着色期。一般根据需要，投喂含增红色素的饲料20d，鱼体可变成全红色上市（彩图17、彩图18）。

第三节　血鹦鹉鱼人工繁殖与养殖技术

一、血鹦鹉鱼养殖的环境条件

（一）养殖环境

远离污染源，周围环境相对安静，通信、交通方便，水、电充足。水质要求见表2-10。

表2-10　血鹦鹉鱼养殖的水质要求

项目	指标
水温	25～35℃
溶氧	5mg/L 以上
pH	7.5～8.5
水色	黄绿色或黄褐色
氨氮	≤0.2mg/L
亚硝酸盐	≤0.01mg/L
硫化物	≤0.1mg/L

（二）养殖设施

从亲鱼培育，到亲鱼配对，再到亲鱼产卵；从卵的孵化，到苗种培育，再到成鱼养殖，最后到打包销售。这一系列过程都需要在进行作业前针对养殖设施做好各项准备工作（表 2 - 11）。

表 2 - 11　血鹦鹉鱼养殖设施

类型	长（cm）	宽（cm）	深（cm）	构造	配套设施
亲鱼培育池	400～800	400～500	40～60	水泥池	进排水分设，配套供热、供电、供气、光照和水处理系统
亲鱼产卵池	50～65	40～50	40～50	玻璃缸	
孵化池	40～50	40～50	35～45	玻璃缸	
增色池	600～1 000	600～1 000	60～100	水泥池	
苗种养殖池	3 000～4 000	2 000～3 000	100～150	大棚	进排水分设，一台投饵机，增氧设备按每亩 * 配置 0.75kW 为宜，应有供电、供气、供热和光照等设施
成鱼养殖池	3 000～4 000	2 000～3 000	100～150	大棚	
亲鱼养殖池	2 000～3 000	1 500～2 000	100～150	大棚	

二、亲鱼培育

（一）亲鱼选择

应从原产地、良种场购入或从人工养殖的成鱼中挑选，要求 14 月龄以上，体质量 200g 以上，体型正常，无病无伤，色泽艳丽，鳞片鳍条完整。

（二）亲鱼消毒

亲鱼放养前进行鱼体消毒，常用消毒方法：5% 的食盐水溶液或 5～10mg/L 高锰酸钾溶液，浸洗 5～10min。

（三）亲鱼强化培育

（1）亲鱼放养　将长势好、身体健康的亲鱼放到亲鱼培育池中培育，放养前要将水体的溶氧、pH、温度、氨氮、亚硝酸盐调到合适的范围。放养量在 2～4 尾/m²。

（2）投喂　亲鱼投喂以动物性饵料为主，比如小鱼小虾，日投喂量以亲鱼体质量的 6.5%～7.5% 为宜。每日上下午各投喂 1 次。投喂应注意定质、定量、定时、定点的"四定"原则。

（3）日常管理　培育期间保持水质清新，溶氧 5mg/L 以上，pH 7.5～8.1，水温 28～32℃。24h 保持光照强度 1 000lx 左右。早中晚巡塘，观察

---

* 　亩为非法定计量单位，1 亩=1/15hm²。下同。——编者注

亲鱼吃食、活动情况。

（4）繁殖前的准备　因其有较强的领域性，会互相撕咬，因此配对前要将亲鱼的上下颚齿剪去（彩图 19）。具体操作如下：在 25℃ 温水中将亲鱼麻醉（20L 水中加 5～6mL 浓度为 2% 的麻醉剂），用沸水将剪刀消毒之后，将亲鱼颚齿剪去，再将亲鱼浸浴于 0.3% 的食盐水溶液中 1d，手术后停食 3～4d，以防止伤口感染发炎。后将亲鱼放入培育池中自然配对。产卵前一个月，将配对成功的亲鱼移入产卵缸中，每缸中放养一对亲鱼。

三、产卵与孵化

（一）产卵前的准备

产卵缸水温控制在 28～32℃，保持产卵缸水质清新，溶氧 5mg/L 以上，pH 7.5～8.1，环境安静。在产卵缸内放置鱼巢，鱼巢使用瓷砖或瓦片的光滑面，面积约 0.04m²，鱼缸和鱼巢在使用前都用 15mg/L 的高锰酸钾溶液浸泡消毒 2h。当发现红头丽体鱼的生殖突起明显下垂，红魔丽体鱼腹部显著肥圆膨大，说明亲鱼已经发情，即将产卵。产卵时红魔丽体鱼沿着产卵板产卵，红头丽体鱼紧随其后排放精子受精，整个过程持续1h 左右（彩图 20）。

（二）产卵后的工作

让亲鱼自然产卵，一般情况下，15～30d 产卵一次，每对亲鱼一次产卵 800～1 200 粒。由于亲鱼具有吞食卵子的习性，所以产完卵后需要及时将瓦片移入孵化缸中进行孵化。

每天要拣两次受精卵，分别在上午 8：00 和下午 4：00 进行。拣受精卵前要将所有亲鱼缸都检查一遍，检查时要保持安静，以免惊吓亲鱼。在有受精卵的缸的相应位置贴上标签，标签上写上日期，并在记录本上做好记录。

检查完之后就开始拣受精卵。根据记录本上的记录，将有受精卵的瓦片一一拣出，然后用小车将所有的有受精卵瓦片转移到孵化车间，将瓦片有规律地放到孵化缸中，放好后，用浓度为 0.2mg/L 的亚甲基蓝溶液对孵化缸进行消毒，每个缸大约放 10mL，以防止水霉病的发生。孵化时要保持孵化缸内呈微流水状态，水温要和亲鱼缸内的水温保持一致，溶氧在

5mg/L 以上。

那些产在缸底或缸壁的卵也要及时处理，以防亲鱼吞食。方法是先用薄刀片将缸底或缸壁的卵刮下，然后用吸管采用倒吸的方法将卵吸到专用盆中，收集完之后将卵倒到同一时期正在孵化的孵化缸中，继续孵化。

（三）孵化

鱼苗经 52h 左右就可破膜而出。刚孵出的仔鱼尚未开口，以卵黄囊为营养源维持生命，大约 3d 后仔鱼游向水面时开始少许投喂"洄水"（主要为轮虫），日投喂量以 10～15g/万尾为宜，每日投 3 次，分别在上午 8：00、下午 1：00 和 4：00 进行。当鱼苗长到大约 1cm 大小，可适当投喂适口人工配合饵料，投喂时若发现鱼群大量浮在水面，则要减量，否则会发生缺氧而死亡。培育期间，每天定时吸污，同时日换水 1/3～1/2，以保持水质清新（彩图 21）。

（四）卵成活率统计

大约 48h 后对产卵板上的卵统计成活率。方法是用肉眼统计白卵数目，便可估出活卵占所有卵的比例（白卵是死卵）。

四、苗种培育

（一）放养密度

当小鱼长到 1.5cm 左右时进入苗种培育阶段。将同一时期的鱼苗转移到面积 800～1 000m² 的大棚中进行培育，每亩放苗 8 万～10 万尾。

（二）投喂

苗种培育大棚要有专人看管，每天定时投喂人工配合饵料，搭配投喂面料和红虫子。小鱼的投喂要频繁，每次少投，当发现小鱼抢食不凶时，要隔 0.5h 再投。

（三）日常管理

鱼苗培育大棚要配有进排水系统、供电及供热设施，同时每亩配有 0.75kW 的增氧设施。大棚里的水要符合表 2-10 里的指标。幼鱼阶段小鱼一般不会发病，如发现有小鱼死亡，要及时捞出拿到实验室让专业人员检验，分析鱼死亡的原因，并采取相应的措施；同时也要对大棚里的水进行检验，观察各项指标是否符合，如不符合，要及时采取补救措施。

（四）苗种筛选

当鱼苗长到 3～4.5cm 时开始转色，由黑色渐变成棕灰色，再变成粉红色。此时要对小鱼进行一次挑选，主要将其中的尖头和圆头分开。将尖头淘汰，将圆头转移到另外一个专门养殖此时期的血鹦鹉鱼大棚中继续养殖，此后进入成鱼养殖期（彩图 22）。

五、成鱼养殖

（一）鱼种放养

将剔除过尖头的鱼种放到成鱼大棚中养殖，放养密度为每亩 8 万～10 万尾。放养时水温控制在 25℃ 以上。

（二）水质管理

养殖期间，保持水质清新，溶氧在 5mg/L 以上，pH 在 7.5～8.1，勤开增氧机。每隔 10d，全池用生石灰 15mg/L 化浆后均匀泼洒，以调节水体 pH，与漂白粉 1.0～1.5mg/L 或二氧化氯 0.3～0.4mg/L 交替使用。养殖期间每 3～4d 换水一次，每次换水先将老水排出约 2/3，然后注入新水，此时要注意调节池水的温度。

（三）投喂

投喂粗蛋白含量在 45% 以上的配合饲料，日投喂量为鱼体的 6% 左右，每日投喂 6 次，分别在上午的 7：30、9：10、10：20，下午的 2：30、4：00、5：50，根据不同季节做相应调整。投喂时要遵守"四定"原则。若遇到阴雨天气或者鱼群浮头现象要减少投喂量或者停止投喂。

定期投喂由 β-葡聚糖、大黄、黄芩、黄柏、穿心莲、维生素 C 磷酸酯和维生素 B 等混合配制而成的免疫增强剂，适宜投喂比例为 0.2%。

在发病季节到来之前，提前投喂三天笔者团队研发的嗜水气单胞菌菌液和豚鼠气单胞菌菌液二联口服疫苗，以预防细菌性疾病。

（四）日常管理

每天勤巡查，观察水质的变化、鱼摄食生长情况，检修养殖设施，发现问题应及时解决。每天检测水温、pH、溶氧。每 2～3d 检测氨氮、亚硝酸盐、硫化物，并做好日常记录。在巡塘时若发现有鱼死亡，应及时捞出，到实验室进行检验，分析死亡原因，并对水体的各项指标进行检验，分析出问题后及时采取补救措施。

（五）成鱼的挑选

当鱼长到 6cm 左右时，要进行一次挑选，主要是将其中全部褪色没有黑斑的和有黑斑或者还没有褪色的分开，并分别转移到相应的大棚中进行养殖。此时，将同一时期长势相近的没有黑斑的鱼集中到一起进行进一步精心养殖，将那些有黑斑或者还没有褪色的鱼也都集中到一个大棚中进行养殖，让其进一步褪色。

（六）鱼体增色

当同一时期的鱼（没有黑斑、有黑斑）长到 10cm 左右，要进行一次挑选，将放养没有黑斑鱼的大棚中出现黑斑的鱼挑出，将放养有黑斑鱼的大棚中的没有黑斑的鱼挑出，然后统一将没有黑斑的鱼放到增色池中进一步养殖，将有黑斑的鱼放到统一的地方养殖。

放入增色池中的鱼投喂增色饵料，可投喂笔者团队研发的增色剂辣椒红 0.7% 和维生素 E 0.3%，既能保证鹦鹉鱼的生长速度和生化指标的正常，又能保证着色效果。投喂虾青素与维生素 E 组合形成的混合物对鹦鹉鱼的着色效果更好。也可以在投喂的饲料中添加 0.1% 叶黄素、0.1% 磷脂或 0.1% 维生素 E，以显著提高血鹦鹉鱼体表的黄度和亮度，或者在投喂饲料中加 0.7% 的加丽红与 0.3% 的维生素 E，效果也较理想。

第三章

血鹦鹉鱼遗传多样性及经济性状的关联技术

第一节 血鹦鹉鱼遗传多样性及经济性状的关联分析

一、材料与方法

(一) 材料

实验鱼取自天津嘉禾田源观赏鱼养殖有限公司，挑选体色鲜艳、健康无损伤的亲本，构建 3 个血鹦鹉鱼家系，饲养于玻璃缸中，随机选取 88 尾个体于 6 月龄时测量体长、体高、体质量等参数，统计褪色率，根据体质量与体长计算肥满度，剪取尾鳍于无水乙醇中保存备用。

$$肥满度（CF）= W/L^3 \times 100\%$$

式中：W 为体质量 (g)；L 为鱼体长 (cm)。

(二) 基因型分析

采用醋酸铵法提取尾鳍基因组 DNA，用核酸蛋白仪测量 DNA 浓度和 OD_{260}/OD_{280} 值，并将 DNA 稀释为 100ng/μL 作为工作液。实验所用引物为笔者团队自行开发的 6 对血鹦鹉鱼微卫星引物，由上海生工生物工程技术服务有限公司合成，其具体信息见表 3 - 1。PCR 反应总体积为 20μL：1×buffer，dNTPs 200μmol/L，正反向引物分别 0.5μmol/L，Taq 酶 1U，基因组 DNA 50～100ng。PCR 反应程序为 95℃预变性 5min；95℃ 30s，58℃ 30s，72℃ 30s，15 个循环；95℃ 30s，55℃ 30s，72℃ 30s，20 个循环；72℃ 延伸 10min。PCR 产物利用 ABI3730 基因分析仪

（Applied Biosystems）的片段分析功能进行毛细管电泳，以 GS500LIZ 为分子量内参，使用 3730Data collection 和 GeneMapper v4.0 软件读取微卫星扩增产物的分子量数据，通过分子量数据确定个体在各位点的基因型。

表 3-1　血鹦鹉鱼微卫星序列及特征

位点	引物序列（5'→3'）	退火温度（℃）	片段大小（bp）
sac01	F：TGCCTCTCTTTCGGGTTT，R：TTCCAGGATGGGATTGCT	50	174～186
Vsac02	F：CGGGTTGTTCTGGACTTT，R：AGATGTTGAGGTGGGTGC	58	224～424
Vsac03	F：GATAGTCAAATGAGTTCAGCG，R：CAGTAATCCGAAATCAAACG	58	224～235
Vsac04	F：GCCAATCCTACAGAAAGATGAAA，R：ACAATAAGCCACAAGCAATAAAAG	55	242～252
Vsac05	F：TGGTAGGTTTGGTAATAGGA，R：TTGCCAGTGGTTTCACAT	58	337～391
Vsac06	F：CCCCATTGCTCTTCTGTA，R：TTATCCGTCTCACCCTCA	53	226～287

（三）数据分析

根据每个个体的基因型，利用软件 PopGene1.32 计算不同家系在各个位点的等位基因数（N_a）、有效等位基因数（N_e）、观察杂合度（H_o）与期望杂合度（H_e）。根据 Botstein 等公式计算多态信息含量（PIC）：

$$PIC = 1 - \sum_{i=1}^{n} P_i^2 - \sum_{i=1}^{n-1} \sum_{j=i+1}^{n} 2P_i^2 P_j^2$$

式中：P_i、P_j 分别为群体中第 i 和第 j 个等位基因的频率；n 为某一基因座上的等位基因数。

利用 SPSS 软件中的 GLM 对血鹦鹉鱼经济性状与微卫星位点的关联性进行最小二乘分析，确定与经济性状显著相关的标记，对显著相关标记不同基因型间的性状进行多重比较（Duncan's 法）。

二、结果与分析

（一）微卫星位点多态性分析

3 个家系在 6 个微卫星位点的遗传参数见表 3-2。6 个位点共扩增出

26 个等位基因，各个位点的等位基因数为 2～4，有效等位基因数为 1.87～3.83，期望杂合度为 0.500 0～0.738 9，观察杂合度为 0.666 7～1.000 0，多态信息含量为 0.356 6～0.690 5，平均值为 0.457 0，总体表现为中等多态（0.25≤PIC≤0.50），3 个家系的遗传多样性处于较高水平。

表 3-2　血鹦鹉鱼家系在 6 个微卫星位点的遗传多样性参数

项目	指标	Vsac01	Vsac02	Vsac03	Vsac04	Vsac05	Vsac06
家系 1	N_a	3	2	2	3	3	3
	N_e	2.64	2.00	2.00	2.44	2.67	2.66
	H_e	0.620 6	0.500 0	0.500 0	0.590 3	0.625 0	0.624 5
	H_o	0.968 8	0.937 5	0.937 5	0.937 5	0.968 8	0.968 8
	PIC	0.548 6	0.375 0	0.375 0	0.514 1	0.554 7	0.554 0
家系 2	N_a	2	4	2	2	3	2
	N_e	2.00	2.80	2.00	2.00	2.67	2.00
	H_e	0.500 0	0.642 6	0.500 0	0.500 0	0.625 0	0.500 0
	H_o	0.937 5	0.968 8	0.937 5	1.000 0	0.968 8	0.937 5
	PIC	0.375 0	0.584 2	0.375 0	0.375 0	0.554 7	0.375 0
家系 3	N_a	2	2	2	2	4	4
	N_e	2.00	1.87	2.00	2.00	3.83	2.37
	H_e	0.500 0	0.464 4	0.500 0	0.500 0	0.738 9	0.578 9
	H_o	0.933 3	0.666 7	0.933 3	1.000 0	1.000 0	0.933 3
	PIC	0.375 0	0.356 6	0.375 0	0.375 0	0.690 5	0.494 4

（二）性状与位点的关联分析

利用 SPSS 对标记位点与血鹦鹉鱼体质量、体长、体高、体高/体长、肥满度、褪色率 6 个性状进行显著性检验，结果显示 6 个位点中，Vsac02、Vsac05、Vsac06 与体质量显著相关（$P<0.05$），Vsac05、Vsac06 与体长极显著相关（$P<0.01$），Vsac02 与体高/体长极显著相关，Vsac01、Vsac04 与肥满度极显著相关，Vsac02、Vsac06 与褪色率显著相关。未发现与体高相关联的位点。对性状显著相关的标记进行了基因型间均值的 Duncan's 多重比较，结果见表 3-3。位点 Vsac01 与 Vsac04 只有两种基因型，不能进行多重比较。在位点 Vsac02 中，基因型为 AC 的个

体体质量显著高于 BB 型个体，但两者与 BD、BE、BF 型个体差异不显著；基因型为 AC 的个体体高/体长值显著低于其他个体；基因型为 BE、BF 个体的褪色率显著高于 BB、BD 型个体，四者与 AC 型个体均无显著差异。说明基因型 AC 对体质量起正面效应，基因型 BE、BF 与褪色率呈正相关。位点 Vsac05 中，基因型为 AF 的个体体质量显著高于 BD、BE、CE 型，与 CF 型无显著差异；AF、CF 型个体体长显著高于 BE、CE 型个体，但与 BD 型个体差异不显著。位点 Vsac06 的 AF 型个体体质量显著大于 AD、AE 型个体，但与 AB 型个体差异不显著；AF 型个体体长显著大于其他基因型个体；AB 型个体褪色率显著高于 AD 型个体，二者与 AE、AF 型个体均无显著差异。推测基因型 AF 对体质量、体长起正面影响，基因型 AB 对褪色率起正面影响。

表 3-3　各位点不同基因型个体表型的多重比较

位点	基因型	样本数	体质量	体长	体高/体长	肥满度	褪色率
Vsac01	AB	18				0.766±0.006	
	AC	70				0.974±0.003	
Vsac02	BB	8	10.504±1.280^a		0.713±0.027^b		27.375±14.734^a
	BD	20	10.844±0.809^{ab}		0.677±0.017^b		40.450±9.319^a
	AC	30	13.920±0.661^b		0.579±0.014^a		56.000±7.609^{ab}
	BF	9	12.422±1.206^{ab}		0.657±0.025^b		79.333±13.892^b
	BE	17	12.126±0.878^{ab}		0.676±0.018^b		88.765±10.108^b
Vsac04	AB	78				0.968±0.003	
	AC	8				0.651±0.008	
Vsac05	BE	7	9.127±1.387^a	4.414±0.297^a			
	BD	11	11.301±1.106^{ab}	4.682±0.237^{ab}			
	CE	5	10.216±1.641^{ab}	4.600±0.351^a			
	AF	30	13.707±0.670^c	5.440±0.143^b			
	CF	30	12.956±0.670^{bc}	5.437±0.143^b			
Vsac06	AB	46	12.903±0.535^{bc}	5.263±0.108^b			74.370±6.218^b
	AD	22	10.941±0.774^{ab}	4.591±0.156^a			34.000±8.992^a
	AE	4	8.520±1.815^a	4.350±0.365^a			47.500±21.088^{ab}
	AF	14	14.741±0.970^c	6.014±0.195^c			49.714±11.272^{ab}

注：同一列中相同字母表示差异不显著（$P>0.05$），不同字母表示差异显著（$P<0.05$）。

三、讨论

目前有关血鹦鹉鱼的研究主要集中在饲料添加剂对其体型、体色、生长及抗病力的影响和胚胎发育等方面。何丽等（2008）通过对血鹦鹉鱼及亲本体型各个参数间比例关系的测定发现，子代在体型和体色方面具备优于双亲的表观性状，另外，其体高与体长非常接近黄金比例，极具观赏价值。有关血鹦鹉鱼遗传结构分析以及性状相关分子标记的研究迄今尚未见报道。

本节利用 6 对血鹦鹉鱼微卫星引物在 3 个家系中均能扩增出稳定清晰的条带，说明这 6 对引物在血鹦鹉鱼中的适用性较好，可用于下一步分析。6 个位点在 3 个家系中共检测到 26 个等位基因，各个位点的等位基因数为 2～4。根据孟德尔遗传定律，同一家系的等位基因数不超过 4 个，说明这些位点的多态性较高，能够用于血鹦鹉鱼的遗传多样性分析及种质资源评估。3 个家系的期望杂合度为 0.500 0～0.738 9，观察杂合度为 0.666 7～1.000 0，多态信息含量为 0.356 6～0.690 5，平均值为0.457 0，总体表现为中等多态，3 个家系的遗传多样性处于较高水平。

分子标记与性状的连锁分析是对位点的基因型与性状的表型进行显著性检验，差异显著则说明标记与控制性状的主效基因连锁遗传，在育种过程中可通过分子标记来追踪该性状的主效基因。本实验用 3 个全同胞家系作为实验材料，分析了位点与性状的连锁关系，同一家系的个体具有相同的遗传背景与养殖环境，可避免某一位点上等位基因过多、某一基因型个体数偏少而使与经济性状连锁的结果出现误差，并且能够使遗传标记与数量性状基因位点之间达到充分的连锁不平衡。本实验在六个位点中发现 Vsac02、Vsac05、Vsac06 与体质量显著相关（$P<0.05$），Vsac05、Vsac06 与体长极显著相关（$P<0.01$），Vsac02 与体高/体长极显著相关，Vsac01、Vsac04 与肥满度极显著相关，Vsac02、Vsac06 与褪色率显著相关。未发现与体高相关联的位点。多个位点与同一性状相关，说明该性状可能是由 1 个以上 QTL 所控制，即由不同的生理生化过程所调控。

目前水产动物经济性状与微卫星标记的关联研究主要集中在形态性状、抗病性状、温度耐受性状等方面，金舒博等（2011）利用 15 个微卫星分子标记对一个镜鲤家系进行基因型与形态性状的关联分析，发现 3 个位点（HLJ021、HLJ354、HLJ551）与体质量显著相关，4 个位点（HLJ021、HLJ044、HLJ551、HLJ330）与体高显著相关，HLJ354 与体质量、体高、体长均显著相关。王惠儒等（2014）选取 13 个多态微卫星位点，以岱衢洋大黄鱼低温耐受组和正常对照组 2 个 F_2 代群体为材料，检测到标记 LYC0015 的 112bp 等位基因在低温耐受组的出现频率达 48%，而在正常对照组中的频率为零，表明该等位基因可能与某种耐低温基因存在一定的连锁关系。本实验对性状显著相关的标记进行了基因型间均值的 Duncan's 多重比较，结果发现，位点 Vsac02 中 AC 型个体在体质量与体高/体长上优于其他基因型，基因型 BE、BF 在褪色率上优于其他基因型；位点 Vsac05 中基因型 AF 在体质量与体长上优于其他基因型；位点 Vsac06 中 AF 型个体在体质量与体长上，AB 型个体在褪色率上具有明显优势。这些标记有望成为相应性状的辅助育种标记，在育种过程中可选取含有以上基因型的亲本进行杂交，使优势基因型逐渐得到富集和保存，进而提高子代中性状优良个体的比例。

第二节　不同体型血鹦鹉鱼家系的种质遗传评估

一、材料与方法

（一）实验材料

实验鱼取自天津嘉禾田源观赏鱼养殖有限公司，挑选性腺发育良好，体色鲜艳，健康无损伤的红魔丽体鱼与红头丽体鱼进行配对，自然产卵，待其产卵完成后将附着受精卵的瓦片放入孵化缸（40cm×30cm×30cm）中，微流水孵化，孵化水温为（30±0.5）℃。血鹦鹉鱼苗种长至 1.5cm 时转入苗种培育缸（65cm×40cm×40cm）中培育，投喂桡足类、枝角类或配合饲料（粗蛋白含量 52%）。培育期间定期换水，以保持水质清新，pH 保持在 7.50～8.10，溶氧保持在 5.0mg/L 以上，水温为 28～32℃，光照强度保持在 1 000lx 左右。当血鹦鹉鱼生长到 3～4cm 时体色开始转色，由黑色渐变为红色。体长达到 5cm 时，根据头型、体型、体色和嘴型进行苗种挑选，抽样统计尖头和圆头比例。选取完全褪色且尖头率低的家系（YT）和尖头率高的家系（JT）各 1 个作为实验对象，每个家系随机选取 30 个个体，测量其全长、体长、体高并计算体长/体高（X_1）和全长/体高（X_2）。剪取鳍条晾干后保存备用。

（二）DNA 提取及引物合成

本实验所用微卫星标记参照刘肖莲等开发的 6 个微卫星标记（刘肖莲等），标记名称、引物序列、退火温度和产物分布范围见表 3－4。引物序列由上海生工生物工程服务有限公司合成。基因组 DNA 用血液 DNA 提取试剂盒（德国，QIAGEN）提取。提取完成后采用 1%的琼脂糖凝胶电泳检测 DNA 样品的质量，于－20℃冰箱保存备用。

表 3－4　微卫星引物序列及扩增情况

位点	引物序列（5′→3′）	退火温度（℃）	等位基因大小（bp）
Vasc01	F：TGCCTCTCTTTCGGGTTT R：TTCCAGGATGGGATTGCT	50	174～186
Vasc02	F：CGGGTTGTTCTGGACTTT R：AGATGTTGAGGTGGGTGC	58	359～416
Vasc03	F：GATAGTCAAATGAGTTCAGCG R：CAGTAATCCGAAATCAAACG	58	224～233
Vasc04	F：GCCAATCCTACAGAAAGATGAAA R：ACAATAAGCCACAAGCAATAAAAG	55	240～245
Vasc05	F：TGGTAGGTTTGGTAATAGGA R：TTGCCAGTGGTTTCACAT	58	337～391
Vasc06	F：CCCCATTGCTCTTCTGTA R：TTATCCGTCTCACCCTCA	53	226

（三）PCR 扩增及基因分型

PCR 反应体系为 20μL：10 × PCRbuffer（Mg^{2+}）2μL，dNTP Mixture 1.6μL，正反向引物（10μmol/L）各 1μL，5U/μL *Taq* 酶 0.5μL，50ng/μL 基因组 DNA 1μL，用 ddH$_2$O 补足体积至 20μL。PCR 反应程序为：95℃下预变性 5min；95℃下变性 30s，退火 30s（最佳退火温度见表 3－4），72℃下延伸 30s，共进行 30 个循环；最后在 72℃下终延伸 10min。PCR 扩增产物用 ABI3730 基因分析仪（Applied Biosystems）进行毛细管凝胶电泳，以 GS500LIZ 为长度内参分析产物长度，用软件 3730 Data collection 和 GeneMapper v4.0 读取微卫星扩增产物的基因片段数据，通

过数据大小确定各个样本在各个微卫星位点的基因型。

（四）数据统计分析

用 PopGene 3.2 软件统计各微卫星位点的等位基因数（N_a）、有效等位基因数（N_e）、观测杂合度（H_o）、期望杂合度（H_e）、遗传分化系数（F_{st}）、固定系数（F_{is}）、基因流（N_m），使用软件 PIC CALC 0.6 计算各个位点的多态信息含量，并检测各参数的平均值。使用 SPSS21.0 软件对两种体型的血鹦鹉鱼家系进行性状比值的正态分布检验（Kolmogorov-Smimov 法）和判别分析。利用广义线性模型（GLM）进行微卫星标记的最小二乘分析，筛选与经济性状显著相关的标记，建立模型如下：$y = u + g + e$。其中 y 为性状，u 为群体均值，g 为第 i 个基因型的效应，e 为残差。对显著影响经济性状的微卫星位点利用 Duncan's 多重比较分析不同基因型之间的差异，基于 Permutation 检验确认基因型效应的显著性水平（10 000 次）。

二、结果与分析

（一）血鹦鹉鱼家系性状正态分布

利用紫红头丽体鱼（♀）与红魔丽体鱼（♂）进行配组共构建 9 个血鹦鹉鱼家系。当血鹦鹉鱼体长达到 4～5cm 时，进行一次挑选，统计尖头情况，根据统计结果从中选取尖头（84%）和圆头（90%）两个家系进行后续分析。

血鹦鹉鱼家系体长/体高和全长/体高呈现连续变异的特点，采用 SPSS21.0 软件中的单样本 Kolmogorov-Smimov 检验方法，检验两个家系性状比值的频率是否符合正态分布，其平均值、标准差、偏度、峰度和正态分布的 P 值见表 3-5。经检验，YT 家系的体长/体高、全长/体高及 JT 家系的体长/体高符合正态分布（$P>0.05$）。从两个家系的体长/体高的分布频率（表 3-6）可以看出，这两个家系的血鹦鹉鱼体型差异较大，YT 家系的 30 个个体的体长/体高在 1.1～1.5，JT 家系中 93.33% 的个体体长/体高都大于 1.5，只有 2 个个体的体长/体高小于 1.5，占样本总数的 6.67%，这两个个体可以挑选出来作为商品鱼继续培育。两个血鹦鹉鱼家系的性状比值分布见图 3-1。

表3-5 血鹦鹉鱼家系性状比值的正态分布检验

家系	性状比值	数量	极小值	极大值	平均值	偏度	峰度	P值
YT	体长/体高	30	1.130	1.475	1.359	−0.786	1.112	0.200
	全长/体高	30	1.617	2.125	1.927	−0.601	0.652	0.600
JT	体长/体高	30	1.304	2.833	1.795	2.079	8.365	0.079
	全长/体高	30	2.172	3.667	2.396	3.694	16.692	0.000

表3-6 血鹦鹉鱼家系体型分布频率

家系	体长/体高							合计
	1.0	1.0~1.1	1.1~1.2	1.2~1.3	1.3~1.4	1.4~1.5	>1.5	
YT	0	0	1	6	16	7	0	30
JT	0	0	0	0	1	1	28	30

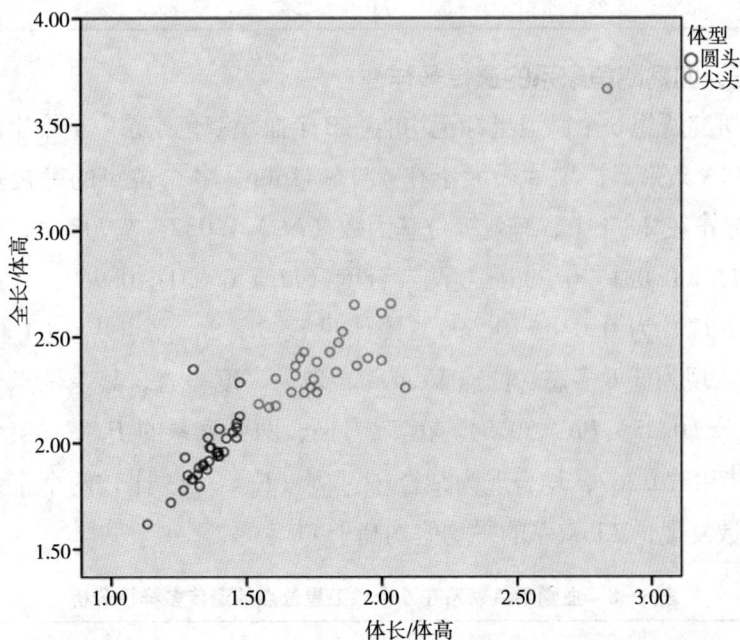

图3-1 两个血鹦鹉鱼家系的性状比值分布

（二）判别分析

按照体长/体高小于1.5的标准对血鹦鹉鱼进行分组，大于1.5的认为是尖头血鹦鹉鱼（28尾），相反则视为圆头血鹦鹉鱼（32尾）。利用体长/体高和全长/体高的特征值构建的判别公式为：

41

$$Y = 6.945X_1 - 1.213X_2 - 8.331$$

在进行判别分析时，将所测 2 个特征值代入上述判别公式，所得函数值为正值即为尖头血鹦鹉鱼，负值则为圆头。据此对所有观测样本按照上述判别函数进行预测分类（表 3 - 7），YT 家系血鹦鹉鱼判别准确率为100%，JT 家系判别准确率为 89.3%，平均拟合准确率为 95%。因此，利用形态性状进行分类的判别分析，其成功率非常高，判别效果非常好（$P < 0.01$）。

表 3 - 7　血鹦鹉鱼体型判别分析结果

种类	个体数	预测组成员		准确率（%）	平均拟合准确率（%）
		YT	JT		
YT	32	32	0	100	95
JT	28	3	25	89.3	

（三）血鹦鹉鱼家系的遗传多样性

本研究所用 6 个微卫星标记均能在 2 个血鹦鹉鱼家系中扩增出清晰稳定的 DNA 条带，扩增片段大小在 173～416bp。各个位点的等位基因数（N_a）分布在 2～4 个，有效等位基因数（N_e）1.032～3.908 个，期望杂合度（H_e）0.031～0.756，观测杂合度（H_o）0.031～0.969，多态信息含量（PIC）为 0.030～0.696，具体见表 3 - 8。位点 Vsac04 和位点Vsac06 表现为低度多态，位点 Vsac05 表现为高度多态，其余位点表现为中度多态（$0.25 \leqslant PIC \leqslant 0.5$）。在 F_{is} 方面，两个家系的 F_{is} 平均值分别为－0.488 和－0.367，均表现为杂合子过剩（$F_{is} \leqslant 0$）。比较两个家系以上遗传参数发现，YT 家系的平均值均高于 JT 家系。

表 3 - 8　血鹦鹉鱼家系在 6 个微卫星位点的遗传多样性分析

家系	参数	Vsac01	Vsac02	Vsac03	Vsac04	Vsac05	Vsac06	平均值
YT	N_a	2	3	2	3	4	2	2.667
	N_e	2.000	2.127	2.000	1.171	3.908	1.032	2.040
	H_e	0.508	0.538	0.508	0.148	0.756	0.031	0.415
	H_o	0.938	0.969	0.938	0.156	0.938	0.031	0.662
	PIC	0.375	0.419	0.375	0.139	0.696	0.030	0.339

（续）

家系	参数	Vsac01	Vsac02	Vsac03	Vsac04	Vsac05	Vsac06	平均值
YT	I	0.693	0.811	0.693	0.313	1.374	0.081	0.661
	F_{is}	−0.875	−0.829	−0.875	−0.070	−0.260	−0.016	−0.488
JT	N_a	4	3	2	2	3	2	2.667
	N_e	2.129	2.127	2.000	1.064	2.233	1.032	1.764
	H_e	0.539	0.538	0.508	0.062	0.561	0.031	0.373
	H_o	0.938	0.969	0.938	0.063	0.375	0.031	0.552
	PIC	0.420	0.419	0.375	0.059	0.493	0.030	0.299
	I	0.832	0.811	0.693	0.139	0.940	0.081	0.583
	F_{is}	−0.768	−0.829	−0.875	−0.032	0.321	−0.016	−0.367

（四）微卫星座位与性状的关联分析

采用 SPSS21.0 的 GLM 模型，对微卫星标记和体长/体高、全长/体高性状进行相关性分析，结果表明标记 Vsac04 和 Vsac05 与这两个性状显著相关（$P \leqslant 0.05$），但 Vsac04 只有两个基因型，不能进行多重比较。分子标记 Vsac05 位点不同基因型性状均值的 Duncan's 多重比较结果表明，含 BC 基因型个体的体长/体高平均值最小，为 1.389，其次为 AC 等位基因的个体（1.400），再次为 AD 等位基因个体，最大的为 AA 等位基因型个体。含有基因型 AA 的个体体长/体高平均值显著高于 AC、AD 和 BC 个体，AC、AD 两种基因型之间的体长/体高平均值无显著差异（$P >$ 0.05）。基因型 AA 的全长/体高平均值与 AC、AD、BC 基因型的全长/体高的平均值之间差异显著（$P \leqslant 0.05$），与基因型 BD 全长/体高平均值差异不显著（$P > 0.05$）。AC、AD、BC 基因型只在 YT 家系中出现，AA 和 BD 在两个家系中均有出现，等位基因 C（375bp）是圆头家系特有的基因型，具体结果见表 3-9。

表 3-9　标记 Vsac05 位点不同基因型性状均值和多重比较

基因型	个体数	体长/体高	全长/体高
AA（337/337）	21	1.745±0.311[a]	2.350±0.341[a]
AC（337/375）	6	1.400±0.105[bc]	2.001±0.141[b]
AD（337/391）	5	1.415±0.172[bc]	1.993±0.231[b]

（续）

基因型	个体数	体长/体高	全长/体高
BC（359/375）	11	1.389±0.084^c	1.972±0.125^b
BD（359/391）	17	1.648±0.280^{ab}	2.222±0.294^{ab}

三、讨论

在鱼类生产上，人们通常利用杂种优势选育具有生长快或抗逆性强等性状的优良品种。观赏鱼在利用杂种优势进行选择时则侧重于选择体型和体色。血鹦鹉鱼的体型既不像父本也不像母本，作为杂交后代性状不稳定，即使是全同胞家系个体，彼此之间的体型和体色差异也都较大，因此也为筛选新品种提供了机会。血鹦鹉鱼正是通过利用"杂种优势"选育出金刚鹦鹉、元宝鹦鹉、罗汉鹦鹉、麒麟鹦鹉、红财神等多个品种。尽管血鹦鹉鱼雌鱼性成熟后可以正常排卵，而在雄鱼中却未观察到完全能育型的精巢及正常排精的现象，因此很难得到第二代或第三代，想要将血鹦鹉鱼的优良性状稳定遗传下去很难。因此，笔者从血鹦鹉鱼形态学性状和遗传多样性水平揭示不同体型血鹦鹉鱼家系的种质差异，筛选与体长/体高相关的分子标记，以期指导血鹦鹉鱼亲本组配技术，提高血鹦鹉鱼品种的优级率。

何丽等（2008）通过对血鹦鹉鱼体型各个参数间比例关系的测定发现，体高/体长接近黄金比例（0.618），观赏价值高。然而，随着人们的审美标准及观赏需求变化，目前体长/体高越接近1.0，血鹦鹉鱼品级越高，价格也越高。从血鹦鹉鱼家系的性状测量结果可以看出，YT家系的性状显著优于JT家系。YT家系的体长/体高平均值为1.359，1.0～1.1的个体占样本数的3.3%，1.1～1.2的个体占样本数的20%，1.2～1.3的个体占样本数的53.3%，1.3～1.4的个体占样本数的23.3%，都可以作为商品鱼继续培养。按照血鹦鹉鱼国标分级挑选标准，YT家系的血鹦鹉鱼的体高/体长达到AAA级、AA级、A级和B级。JT家系的体长/体高平均值为1.795，比值大于1.5的个体为28个，占样本数的93.3%，基本上都属于淘汰鱼。本研究利用SPSS21.0对两个家系进行判别分析，得到的判别公式能够很好地区分两个家系，综合判别率高达 95%，可以为血鹦鹉鱼体型挑选提供参考。

基因决定性状，不同个体的基因差异是个体性状差异的根源。微卫星标记是目前进行动物分子辅助育种研究最常用的分子标记之一。遗传多样性水平高低是评价种质资源的重要指标，等位基因数（N_a）、有效等位基因数（N_e）、期望杂合度（H_e）、观测杂合度（H_o）以及多态信息含量（PIC）都是反映群体遗传多样性水平高低的参数，这些参数越大，遗传多样性水平越高，遗传变异越丰富。本研究采用的 6 个微卫星标记中有 4 个已被证实处于中高度多态性水平且扩增良好，能够用于血鹦鹉鱼遗传多样性分析及种质资源评估。YT 家系的等位基因数（N_a）、有效等位基因数（N_e）、期望杂合度（H_e）、观测杂合度（H_o）以及多态信息含量（PIC）、香农维纳指数的平均值均高于 JT 家系，表明圆头家系的遗传多样性水平较高。

本研究采用 SPSS21.0 的 GLM 模型，对微卫星标记和体长/体高、全长/体高性状进行相关性分析，结果表明标记 Vsac05 与这两个性状显著相关（$P \leqslant 0.05$），该结果与刘肖莲等的研究一致。分子标记与性状的连锁分析是对位点基因型与表型性状进行显著性检验，差异显著则说明标记与性状的基因存在连锁遗传，在育种过程中可通过筛选性状相关的分子标记来缩短育种时间和提高选种准确性。本研究中分子标记 Vsac05 的基因型 AC、AD、BC 只在 YT 家系中出现，在育种实践中可以作为优先选择的基因型，等位基因 C（375bp）是圆头家系特有的基因。因此，分子标记 Vsac05 可以用于增进血鹦鹉鱼优势性状圆头、提高圆头率的分子选育中，在进行血鹦鹉鱼亲本组配时优先选择含有等位基因 C（375bp）的父母本，使优势性状得到保存和富集，从而提高血鹦鹉鱼的优级率。

血鹦鹉鱼体型受多个基因的遗传控制，遗传机制比较复杂。目前关于血鹦鹉鱼的分子研究很少，所用的遗传标记更是寥寥无几。采用高通量测序技术和生物信息学的方法可以获得更多与生长调控相关的基因和分子标记，血鹦鹉鱼分子育种、生长调控机制及褪色机制仍需进一步研究。

第三节　血鹦鹉鱼体色褪色调控机制

一、材料与方法

（一）实验材料

血鹦鹉鱼取自天津市嘉禾田源观赏鱼养殖有限公司，体长 6～7cm，体质量 25～30g，在同一家系中取褪色完全的和完全不褪色的个体各 3 尾。去除鳞片后，取侧线鳞上部皮肤样品用于总 RNA 的提取，样品于液氮中冷冻保存。

（二）主要试剂及仪器

主要试剂：RNAlater® Solutions (Life 公司)、Trizol Kit (Invitrogen, Carlsbad, USA)、氯仿、异丙醇、75% 乙醇、0.1% 的 DEPC 水、DNase Ⅰ (Invitrogen)、Superscript Ⅱ reverse transcriptase。

主要仪器：Bioanalyzer 2100 (Agilent Technologies, Santa Clara, USA)、NanoVue Plus 分光光度计 (GE Healthcare Life Sciences, Little Chalfont, United Kingdom)、Qiagen Tissue Lyser Ⅱ 组织破碎仪、水平凝胶电泳系统（北京六一仪器厂）、美国产 FluorChem HD2 凝胶成像电泳设备、高压灭菌锅、移液枪（德国 Eppendorf）、恒温培养箱。

（三）RNA 的提取及质量检测

RNA 提取：利用 Trizol 试剂盒分别提取各样品 RNA。取 50～100mg 组织加入 2.0mLPCR 管中，加入 1mL Trizol，在组织破碎仪上进行匀浆。匀浆后的样品在室温（15～30℃）下放置 5min，使核酸蛋白复合物完全分离。每毫升 Trizol 试剂中加入 0.2mL 氯仿，剧烈振荡 15s，室温放置 2～3min。4℃，12 000×g 离心 15min 后把上层水相转移到新管中，用异丙醇沉淀水相中的 RNA。每毫升 Trizol 加入 0.5mL 异丙醇，－20℃ 放置 10～15min。4℃，12 000×g 离心 10min，离心后管底出现胶状沉淀。弃上清，用 75% 的乙醇溶液洗涤 RNA 沉淀。RNA 沉淀于室温干燥，之后加入 30～50μL 无 RNase 的 DEPC 水溶解，－80℃ 保存。

RNA 质量测定：取 1μLRNA 样品稀释 10 倍，之后再取 1μL 稀释后的样品在 NanoVue Plus 分光光度计上检测质量和浓度。当 OD_{260}/OD_{280} 值在 1.8～2.0 时，说明 RNA 可用。用 Agilent 2100 和 1%的琼脂糖凝胶电泳检测 RNA 的完整性。

（四）转录组文库的构建与测序

将提取的各组织 RNA 进行等量混合，利用 DNaseⅠ去除样品中的DNA，操作按照说明书的流程进行。处理后的样本用 1%琼脂糖凝胶电泳进行完整性检测。利用 oligo-dT primer 从总 RNA 中分离 PolyA（＋）mRNA，将分离得到的 mRNA 进行片段化，从中选取 300～400bp 的片段，利用 Superscript Ⅱ反转录酶进行 cDNA 文库扩增。之后再利用Illumina TruSeq RNA Sample Prep 试剂盒构建双链 cDNA 文库，构建好的文库在 Illumina HiSeq 2000 测序平台进行测序。

（五）数据质量控制

对原始测序序列（raw reads）进行过滤，去除里面含有接头、N（N表示无法确定碱基信息）的比例大于 10%、低质量的 reads，得到 clean reads 进行后续分析。

（六）转录组装配

采用 Trinity 软件（Grabherr et al.，2011）对 clean reads 进行拼接。将 Trinity 拼接得到的转录本序列，作为后续分析的参考序列。根据序列相似性，将转录本按基因进行聚类，每个基因保留最长的转录本代表该基因（Unigene），以此进行后续的分析。对转录本及 Unigene 的长度分别进行统计。

（七）功能基因注释

为获得全面的基因功能信息，将血鹦鹉鱼转录组数据分别与七大数据库 Nr、Nt、Pfam、KOG/COG、Swissprot、KEGG、GO 进行序列比对，得到注释的基因按照基因功能进行分类。

（八）CDS 预测分析

按照优先级顺序，将 Unigene 与 NR、Swissprot 蛋白库进行比对。若比对成功，则从比对结果中提取转录本的 ORF 编码框信息，并按照标准密码子表将编码区序列翻译成氨基酸序列。若未比对成功或比对结果为预测出结果的序列，则采用 estscan 软件预测该 unigene 的 ORF，从而得到这部分基因编码的核酸序列和氨基酸序列。

（九）SNP 的挖掘

通过 samtools 和 picard-tools 等工具对比对结果进行染色体坐标排序、去掉重复的 reads 等处理，最后通过变异检测软件 GATK3（McKenna et al.，2010）分别进行 SNP Calling 和 InDel Calling，并对原始结果进行过滤（过滤掉质量值小于 30、距离小于 5 的 SNP）。

（十）SSR 标记挖掘

利用 MISA 软件（http：//pgrc. ipk-gatersleben. de/misa/misa. html）进行转录组中微卫星标记的挖掘。找出 SSR 标记之后，采用 Primer3 进行 SSR 引物设计。

（十一）基因差异表达分析

以 Trinity 拼接得到的转录组作为参考序列，用 Bowtie 软件将每个样品的 clean reads 往参考序列上做 mapping，然后用软件 RSEM（RNA-Seq by Expectation Maximization）进行基因丰度估计，得到比对到每个基因上的 readcount 数目。将 readcount 数目进行 FPKM 转换，进一步估计基因表达水平。差异表达分析采用 DESeq（Anders et al.，2010）进行，筛选阈值为 padj<0. 05。

（十二）差异基因 GO 富集分析

用 goseq 方法对每组（用 group 表示）比较的差异基因分别进行了以下 GO 富集分析：全部差异基因的富集分析、上调差异基因的富集分析、下调差异基因的富集分析。

（十三）差异基因 KEGG 富集分析

用 kobas 软件对每组比较差异分析的结果进行 KEGG Pathway 富集分析。通过 Pathway 显著性富集能确定差异表达基因参与的主要生化代谢途径和信号转导途径。

二、结果与分析

（一）RNA 提取及质量检测

分光光度计上检测结果显示 OD 值在 1. 857～1. 989，说明 RNA 可用。用 1% 的琼脂糖凝胶电泳检测 RNA 的完整性，结果如图 3－2 所示。图中 1～3 为不褪色血鹦鹉鱼样品（BC＿S1、BC＿S2、BC＿S3），4～6

为自然条件下完全褪色的血鹦鹉鱼样品（YC_S1、YC_S2、YC_S3）。Agilent 2100 检测结果表明所有样品的 RIN 值均＞7.0，满足建库测序要求。

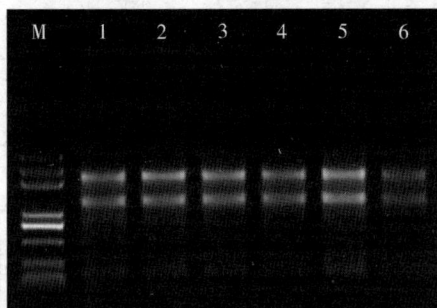

图 3-2　用于测序样本的 RNA

（二）数据质量控制

对原始测序序列（raw reads）进行过滤，去除里面含有接头、N（N 表示无法确定碱基信息）的比例大于 10%、低质量的 reads，得到 clean reads，便于后续分析。清洗前后数据见表 3-10。

表 3-10　测序数据质量结果汇总统计

样品名	未过滤 Reads 数	经过滤 Reads 数	有效数据 总碱基	误差 （%）	Q20 （%）	Q30 （%）	GC 含量（%）
BC_S1	50 389 652	46 737 916	7.01G	0.02	95.17	89.13	49.16
BC_S2	58 527 000	54 563 914	8.18G	0.02	95.50	89.75	48.93
BC_S3	48 825 894	45 169 574	6.78G	0.02	94.96	88.81	49.12
YC_S1	53 179 840	49 619 174	7.44G	0.02	95.58	89.90	48.85
YC_S2	52 126 916	48 974 318	7.35G	0.02	96.01	90.63	48.73
YC_S3	51 747 218	47 911 050	7.19G	0.02	95.10	89.03	49.28

（三）转录组装配

通过 Trinity 软件进行转录组装配，共得到 333 602 条转录本序列，从长度频率分布看，200～500bp 的序列最多（60.15%），大于 2 000bp 的序列最少（9.99%）。从长度分布看，最短序列为 201bp，最长的序列为 43 859bp，N50 为 1 568bp。取每条基因中最长的转录本作为 Unigene，共获得 253 402 条 Unigene，其中 200～500bp 的序列占 69.61%，大于

2 000bp的序列占 5.33%，N50 为 898bp。数据具体分布情况见表 3－11、表 3－12 以及图 3－3、图 3－4。

表 3－11　拼接长度频率分布情况

长度分布（bp）	200～500	500～1 000	1～2 000	＞2 000	共计
转录本数量	200 670	61 610	38 002	33 320	333 602
Unigene 数量	176 390	43 883	19 622	13 507	253 402

表 3－12　拼接长度分布情况

	最小长度	平均长度	中间值	最大长度	N50	N90	总核苷酸
转录本（bp）	201	814	392	43 859	1 568	294	271 679 102
Unigene（bp）	201	618	338	43 859	898	255	156 608 561

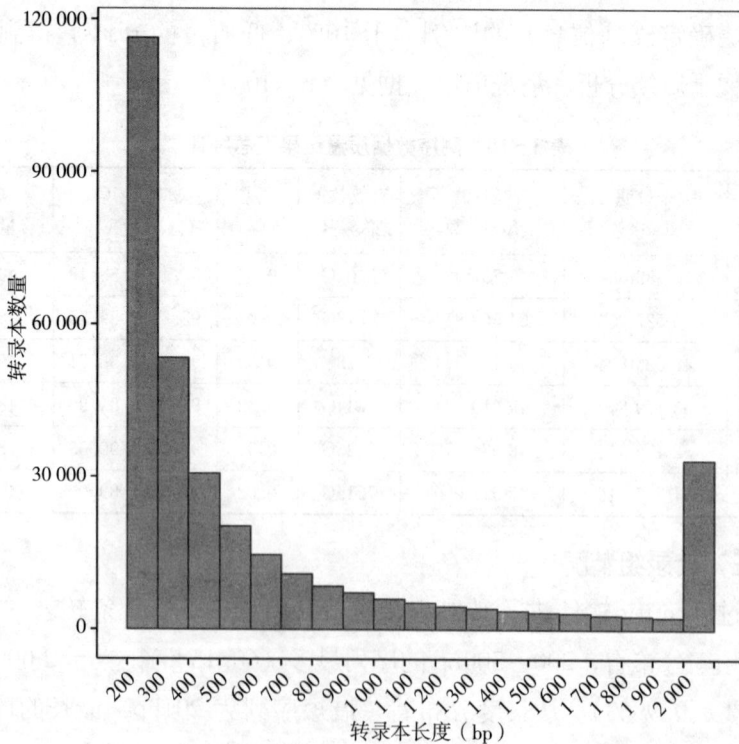

图 3－3　转录本长度分布图

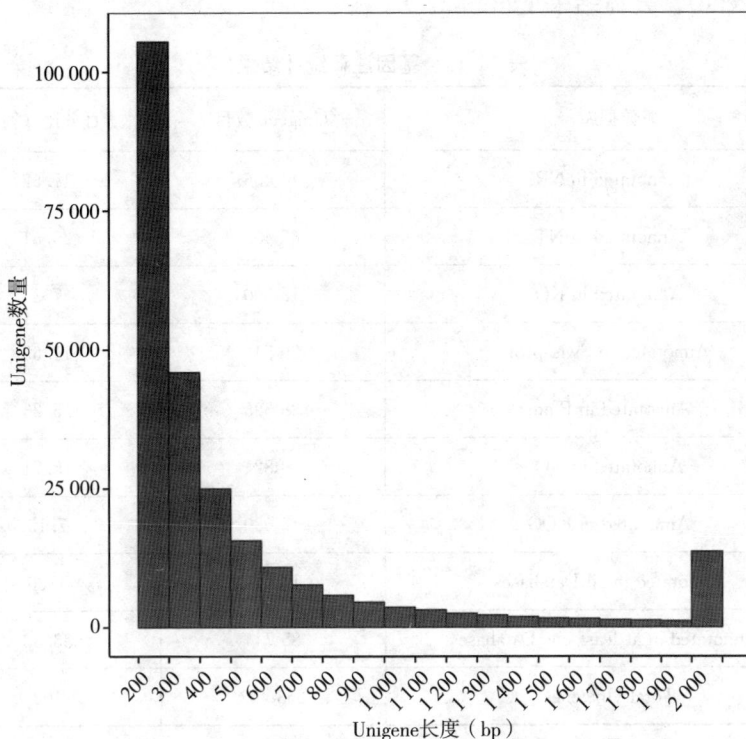

图 3-4　Unigene 长度分布图

（四）功能基因注释

笔者采用同源基因比对的方法对转录组序列进行蛋白编码基因预测，结果见表 3-13。在 NT 库得到注释的 Unigene 最多，NR 库次之。在 7 大数据库注释结果中选出 5 个数据库绘制的 Venn 图，结果见彩图 23。根据 Nr 库比对注释的结果，统计得出比对成功的物种中，与罗非鱼（*Oreochromis niloticus*）比对成功的基因数目最多（28.4%），具体结果见彩图 24。对基因进行 GO 注释之后，将注释成功的基因按照 GO 三个大类（BP Biological process、CC Cellular component、MF Molecular Function）的下一层级（level 2）进行分类，共注释到基因 39 824 个，分类结果见彩图 25。KOG 分为 26 个 group，将 KOG 注释成功的基因按 KOG 的 group 进行分类，结果见彩图 26。对基因做 KO 注释后，可根据它们参与的 KEGG 代谢通路进行分类，结果表明参与环境信息处理中信号转导的基因数目最多（3 657 个 Unigene），参与有机系统内分泌的基因次之（1 615

个 Unigene），具体结果见彩图 27。

表 3 - 13　基因注释统计结果

数据库	Unigene 数目	百分比（%）
Annotated in NR	44 406	17.52
Annotated in NT	65 405	25.81
Annotated in KO	18 500	7.3
Annotated in Swissprot	29 542	11.65
Annotated in Pfam	38 595	15.23
Annotated in GO	39 824	15.71
Annotated in KOG	18 050	7.12
Annotated in all Databases	11 051	4.36
Annotated in at least one Database	85 744	33.83
Total Unigenes	253 402	100

注：Annotated in NR：NR 注释成功的 Unigene 数目及其占总 Unigene 数的比例；Annotated in NT：NT 注释成功的 Unigene 数目及其占总 Unigene 数目的比例；Annotated in KO：KO 注释成功的 Unigene 数目及其占总 Unigene 数的比例；Annotated in Swissprot：Swissprot 注释成功的 Unigene 数目及其占总 Unigene 数的比例；Annotated in Pfam：Pfam 注释成功的 Unigene 数目及其占总 Unigene 数的比例；Annotated in GO：GO 注释成功的 Unigene 数目及其占总 Unigene 数的比例；Annotated in KOG：KOG 注释成功的 Unigene 数目及其占总 Unigene 数的比例；Annotated in all Databases：在以上 7 个数据库中都注释成功的 Unigene 数目及其占总 Unigene 数的比例；Annotated in at least one Database：在以上 7 个数据库中至少 1 个数据库注释成功的 Unigene 数目及其占总 Unigene 数的比例；Total Unigenes：总的 Unigene 条数。

（五）CDS 预测结果

通过将 Unigene 与 NR 蛋白库、Swissprot 蛋白库的比对，得到 CDS 序列的分布情况，见彩图 28、29。未比对成功的序列，通过 estscan3.0.3 软件预测其 ORF，从而得到这部分基因编码的核酸序列和氨基酸序列。

（六）SNP 结果

通过 samtools 和 picard-tools 等工具对比对转录组数据进行 SNP Calling 和 InDel Calling，并对原始结果进行过滤（过滤掉质量值小于 30、距离小于 5 的 SNP），SNP 具体分布情况见表 3 - 14。

表 3 - 14　样品的 SNP 在 coding 区的同义和非同义 SNP

样品名	总 SNP 数	非编码区 SNP	编码区 SNP	同义 SNP	非同义 SNP
BC_S1	756 824 (100%)	479 914 (63.41%)	276 910 (36.59%)	172 007 (22.73%)	104 903 (13.86%)
BC_S2	769 236 (100%)	492 367 (64.01%)	276 869 (35.99%)	172 017 (22.36%)	104 852 (13.63%)
BC_S3	748 924 (100%)	475 148 (63.44%)	273 776 (36.56%)	170 163 (22.72%)	103 613 (13.83%)
YC_S1	753 764 (100%)	481 217 (63.84%)	272 547 (36.16%)	169 470 (22.48%)	103 077 (13.67%)
YC_S2	752 209 (100%)	479 530 (63.75%)	272 679 (36.25%)	169 416 (22.52%)	103 263 (13.73%)
YC_S3	751 909 (100%)	478 394 (63.62%)	273 515 (36.38%)	169 916 (22.60%)	103 599 (13.78%)

（七）SSR 分析

通过软件 MISA 共检测了 253 402 条 Unigene 序列，共检测到微卫星 97 456 个，其中 72 233 条 Unigene 序列含有微卫星标记，含 1 个以上微卫星的序列有 18 106 条，复合微卫星 4 865 个。对不同 SSR 类型在基因转录本的密度分布进行统计，结果见彩图 30。采用 Primer3（2.3.5 版，默认参数）进行 SSR 引物设计，部分结果见表 3 - 15。

表 3 - 15　SSR 引物设计部分结果

序列名	F (5′→3′)	R (5′→3′)	产物大小 (bp)	起始位置 (bp)	终止位置 (bp)
c118984_g1	TAGATCGAGGCGGTGCTTTG	GAGCACAAAAGCAGAGGCAC	242	421	662
c152083_g1	AAGAAGCAGCTGGGATCACC	ATCCTCGCCCTCTTCTCCTT	107	459	565
c240962_g1	GGGCAGTATAGAGGGTGGAC	ATCGTCTGGAGCTCAGCAAG	243	0	242
c156067_g2	TTGGAACATGGTAGTAATCTCTCA	GGATTACCCGGCTGATCCTG	154	24	177
c156067_g2	GCAGGTGGGTGCAAAAACAT	TTTGCAGGGACTACGCACAT	272	256	527

（八）基因表达水平分析

将 Trinity 拼接得到的转录组作为参考序列（ref），将每个样品的 clean reads 往 ref 上做 mapping。采用 RSEM 软件中的 bowtie2 参数（bowtie2 默认参数）。比对统计结果见表 3 - 16。从彩图 31 可以看出两组之间共有的基因为 87 571 个，褪色样本（YC_S）特有 47 867 个基因，不褪色样本（BC_S）特有 44 564 个基因。褪色样本（YC_S）与不褪色样本（BC_S）相比，共存在 167 个差异表达基因（| log2. Fold_change | >1，padj<0.05），高表达基因 88 个，低表达基因 79 个，火山图结果见彩图

32。将差异表达基因进行聚类分析，结果见彩图33。

表 3 - 16 Reads 与参考序列比对情况一览表

样品名	Reads 总数	比对到基因组上的 reads 数（占比）
BC _ S1	46 737 916	33 776 304 （72.27%）
BC _ S2	54 563 914	39 527 216 （72.44%）
BC _ S3	45 169 574	32 937 010 （72.92%）
YC _ S1	49 619 174	36 349 238 （73.26%）
YC _ S2	48 974 318	35 735 516 （72.97%）
YC _ S3	47 911 050	35 121 628 （73.31%）

（九）差异基因 GO 富集分析

差异基因 GO 富集分析的结果表明富集分析统计学显著水平 $P<0.01$ 的 GO term 有 25 个，主要为磷酸二酯酶活性、透明质酸结合位点、黑色素小体定位和转运、细胞色素沉着、色素颗粒定位和转运、糖基神经酰胺代谢过程、半乳糖代谢过程、糖脂代谢过程、鞘脂类代谢过程、膜脂质的代谢过程、糖基神经酰胺代谢过程等，具体结果见表 3 - 17。

表 3 - 17 差异基因的 Gene Ontology 分类

GO 编号	Gene Ontology 功能描述	GO 类型	P 值	矫正 P 值	差异基因数目	GO 注释的差异基因数目
GO：0004114	3′, 5′-cyclic-nucleotide phosphodiesterase activity	分子功能	0.000 429 54	1	3	87
GO：0004112	cyclic-nucleotide phosphodiesterase activity	分子功能	0.000 880 55	1	3	87
GO：0005540	hyaluronic acid binding	分子功能	0.003 992 8	1	2	87
GO：0008081	phosphoric diester hydrolase activity	分子功能	0.006 220 7	1	3	87
GO：0044425	membrane part	分子功能	0.007	1	27	87
GO：0032400	melanosome localization	生物过程	0.007 498 8	1	1	87
GO：0032401	establishment of melanosome localization	生物过程	0.007 498 8	1	1	87

（续）

GO 编号	Gene Ontology 功能描述	GO 类型	P 值	矫正 P 值	差异基因数目	GO 注释的差异基因数目
GO：0032402	melanosome transport	生物过程	0.007 498 8	1	1	87
GO：0033059	cellular pigmentation	生物过程	0.007 498 8	1	1	87
GO：0043473	pigmentation	生物过程	0.007 498 8	1	1	87
GO：0051875	pigment granule localization	生物过程	0.007 498 8	1	1	87
GO：0051904	pigment granule transport	生物过程	0.007 498 8	1	1	87
GO：0051905	establishment of pigment granule localization	生物过程	0.007 498 8	1	1	87
GO：0004336	galactosylceramidase activity	分子功能	0.008 167 4	1	1	87
GO：0006677	glycosylceramide metabolic process	生物过程	0.008 167 4	1	1	87
GO：0006681	galactosylceramide metabolic process	生物过程	0.008 167 4	1	1	87
GO：0006683	galactosylceramide catabolic process	生物过程	0.008 167 4	1	1	87
GO：0019374	galactolipid metabolic process	生物过程	0.008 167 4	1	1	87
GO：0019376	galactolipid catabolic process	生物过程	0.008 167 4	1	1	87
GO：0019377	glycolipid catabolic process	生物过程	0.008 167 4	1	1	87
GO：0030149	sphingolipid catabolic process	生物过程	0.008 167 4	1	1	87
GO：0046466	membrane lipid catabolic process	生物过程	0.008 167 4	1	1	87
GO：0046477	glycosylceramide catabolic process	生物过程	0.008 167 4	1	1	87
GO：0046479	glycosphingolipid catabolic process	生物过程	0.008 167 4	1	1	87

（续）

GO 编号	Gene Ontology 功能描述	GO 类型	P 值	矫正 P 值	差异基因数目	GO 注释的差异基因数目
GO：0046514	ceramide catabolic process	生物过程	0.008 167 4	1	1	87

（十）差异基因 KEGG 富集分析

在生物体内，不同基因相互协调行使其生物学功能。通过 Pathway 显著性富集能确定差异表达基因参与的主要生化代谢途径和信号转导途径。用 kobas 软件对差异基因的结果进行了 KEGG Pathway 富集分析。将 FDR≤0.05 的 Pathway 定义为在差异表达基因中显著富集的 Pathway，结果见彩图 34。Pathway 富集上调和下调情况具体见表 3-18 和表 3-19。

表 3-18　富集上调的前 20 个代谢通路情况

通路名称	富集因子	Q 值	基因数目
Tyrosine metabolism	0.054 8	0.000 3	4
Melanogenesis	0.022 7	0.000 9	5
Betalain biosynthesis	0.285 7	0.001 6	2
Riboflavin metabolism	0.181 8	0.002 5	2
Morphine addiction	0.020 4	0.003 2	4
Isoquinoline alkaloid biosynthesis	0.069 0	0.009 9	2
Purine metabolism	0.009 8	0.100 2	3
Arginine and proline metabolism	0.017 2	0.100 2	2
Folate biosynthesis	0.052 6	0.168 9	1
Ras signaling pathway	0.007 0	0.168 9	3
Linoleic acid metabolism	0.033 3	0.222 5	1
One carbon pool by folate	0.028 6	0.222 5	1
Vitamin digestion and absorption	0.027 0	0.222 5	1
alpha-Linolenic acid metabolism	0.026 3	0.222 5	1
Ether lipid metabolism	0.017 2	0.270 2	1
Drug metabolism-cytochrome P450	0.016 9	0.270 2	1
Metabolism of xenobiotics by cytochrome P450	0.016 7	0.270 2	1
Prion diseases	0.016 4	0.270 2	1

（续）

通路名称	富集因子	Q值	基因数目
Chemical carcinogenesis	0.013 9	0.287 8	1
Hematopoietic cell lineage	0.013 2	0.287 8	1

表 3-19 中富集下调的前 20 个代谢通路情况

通路名称	富集因子	Q值	基因数目
Non-homologous end-joining	0.142 9	8.55×10^{-6}	3
Homologous recombination	0.076 9	2.41×10^{-5}	3
Biosynthesis of unsaturated fatty acids	0.041 7	0.003 0	2
Fatty acid metabolism	0.020 8	0.008 5	2
PPAR signaling pathway	0.016 4	0.010 8	2
alpha-Linolenic acid metabolism	0.026 3	0.078 6	1
Fat digestion and absorption	0.022 7	0.078 6	1
Olfactory transduction	0.016 4	0.084 0	1
Neuroactive ligand-receptor interaction	0.004 0	0.084 0	2
Glycerolipid metabolism	0.01	0.120 0	1
Cocaine addiction	0.009 2	0.120 0	1
Long-term depression	0.005 6	0.177 2	1
Salivary secretion	0.004 6	0.178 3	1
AMPK signaling pathway	0.004 4	0.178 3	1
Gap junction	0.004 3	0.178 3	1
Pancreatic secretion	0.003 8	0.187 9	1
Platelet activation	0.003 2	0.207 9	1
Circadian entrainment	0.003 0	0.207 9	1
Alzheimer's disease	0.002 5	0.231 6	1
cGMP-PKG signaling pathway	0.002 4	0.231 6	1

第四章

血鹦鹉鱼营养与饲料技术

第一节　饲料脂肪含量对血鹦鹉鱼生长和体色的影响

一、实验材料与方法

（一）实验鱼

实验血鹦鹉鱼为天津嘉禾田园观赏鱼基地自行繁殖。挑选同批次个体较为一致的健康血鹦鹉鱼暂养在室内水泥池中。暂养期间投喂混合饲料。驯化 2 周后，挑选平均体质量为（17.5 ± 0.5）g 的血鹦鹉鱼 288 尾随机分到各实验组中，每组 3 个重复，每个重复 24 尾。

（二）实验饲料

通过单因素实验设计的方法，利用资源配方师软件选用鱼粉、豆粕、面粉、多维、多矿等物质设计实验饲料配方，设计含有 7.40%、10.53%、13.50%、16.81%的脂肪含量的饲料。实验饲料组成及营养成分含量见表 4-1、表 4-2。

颗粒饲料是利用绞肉机制作成面条形状的饲料。饲料烘干至恒重后粉碎，然后经标准筛，筛选 2~3mm 的饲料进行实验。

表 4-1　实验饲料组成（%）

项目	饲料组别			
	1	2	3	4
秘鲁鱼粉	31.11	31.89	32.67	33.45
大豆粕	22.50	22.88	23.25	23.63

（续）

项目	饲料组别			
	1	2	3	4
次粉	33.79	29.53	25.28	21.02
鱼油	0.00	3.10	6.20	9.30
谷朊粉	10.00	10.00	10.00	10.00
多矿	0.60	0.60	0.60	0.60
多维	1.00	1.00	1.00	1.00
卵磷脂	1.00	1.00	1.00	1.00
总和	100.00	100.00	100.00	100.00

表 4-2 实验饲料营养成分含量（%）

项目	饲料组别			
	1	2	3	4
水分	6.61	6.10	5.79	5.64
粗蛋白	44.60	43.57	45.78	44.74
粗脂肪	7.40	10.53	13.50	16.81
粗灰分	8.42	8.42	8.79	8.66

（三）饲养管理

实验于 2013 年 7 月至 9 月在天津嘉禾田园观赏鱼养殖场进行，实验期 42d。实验容器为 60L 白色透明玻璃缸，配备气石，连续充气，维持溶氧＞5mg/L，水温为（28±2）℃。实验期间，每天换水 50%左右，每两天刷缸一次。每日上午 8：00 和下午 4：00 饱食投喂两次。实验开始和结束时，测量并记录每个缸中每尾鱼的体质量、体高、体宽、体长。

（四）样品的采集与分析

实验结束后，从每个养殖容器中取 3 尾血鹦鹉鱼，用滤纸轻轻吸干体表水分，称重，并测量体长、体宽、体高。将鱼置于冰盘上解剖，取肝胰脏于离心管中，-80℃保存，用于各项免疫指标和消化指标的测定。

实验饲料营养成分含量采用常规方法测定，干物质在 105℃下烘干至恒重，粗蛋白质采用凯氏定氮法，粗脂肪采用索氏抽提法，粗灰分采用550℃灼烧法。

（五）生长、形体指标的计算方法

$$增重率（WG,\%）= （W_t - W_0）/W_0 \times 100\%$$

$$特定生长率（SGR,\%/d）= （\ln W_t - \ln W_0）\times 100/n$$

$$体长/体高（L/T）= L/T$$

$$体质量/体长（W/L）= W/L$$

$$肥满度（CF,\%）= W/L^3 \times 100\%$$

式中：W_0 为试验开始时鱼体尾均重，g；W_t 为试验结束时鱼体尾均重，g；n 为试验周期，d；L 为鱼体长，cm；T 为鱼体高，cm；W 为鱼体质量，g。

（六）消化酶活力测定

脂肪酶、胃蛋白酶、胰蛋白酶、淀粉酶指标使用南京建成科技有限公司试剂盒测定。

（七）免疫酶活力测定

溶菌酶（LMZ）、超氧化物歧化酶（SOD）、丙二醛（MDA）、酸性磷酸酶（ACP）、碱性磷酸酶（AKP）、过氧化氢酶（CAT）指标使用南京建成科技有限公司试剂盒测定。

（八）体色的测定

体色利用色度仪（CR-400，KONICA MINOLTA）进行测定，每尾鱼测定侧线鳞上方、背鳍基部体色，以色度仪测定的红色数值为准。

（九）统计分析

应用 SPSS15.0 软件包对数据进行统计分析、对数据进行单因素方差分析，并进行 Duncan's 多重比较，以 $P < 0.05$ 作为差异显著的标志。

二、结果与分析

（一）不同脂肪含量饲料对血鹦鹉鱼生长性能的影响

不同脂肪含量饲料对血鹦鹉鱼生长性能的影响如表 4-3 所示，不同脂肪含量饲料对血鹦鹉鱼的特定生长率、增重率的影响表现为随脂肪含量的增加呈现先升高后降低的趋势，在饲料脂肪含量为 10.53% 时达到最大值；对饲料系数的影响表现为随脂肪含量的增加呈现先降低后升高的趋势，最小值为 2.31；对摄食率、肥满度的影响不明显。

表 4-3　不同脂肪含量饲料对血鹦鹉鱼生长性能的影响

项目	饲料组别			
	1	2	3	4
初重	17.21±1.03	17.33±0.27	17.05±0.08	17.68±0.19
终重	27.74±1.08^b	30.32±0.37^a	28.35±0.56^{ab}	27.29±0.52^b
摄食率	0.424±0.009	0.428±0.003	0.414±0.005	0.428±0.001
肥满度	13.23±0.23	13.71±0.61	13.67±1.08	13.4±0.44
饵料系数	2.83±0.16^{ab}	2.31±0.1^c	2.58±0.12^{bc}	3.12±0.12^a
特定生长率	1.14±0.05^{bc}	1.33±0.05^a	1.21±0.04^{ab}	1.03±0.02^c
增重率	61.20±3.30^{bc}	75.08±3.43^a	66.33±2.97^{ab}	54.35±1.49^c

注：同一行数据右上角的不同字母表示差异显著（$n=3$，$P<0.05$）。

（二）不同脂肪含量饲料对血鹦鹉鱼体色的影响

如表 4-4 所示，饲料脂肪含量为 7.40%、10.53%、13.50%时血鹦鹉鱼体色差异不显著（$P>0.05$）；饲料脂肪含量为 16.81%时体色达到最低值 10.91，显著低于 13.50%脂肪含量组（$P<0.05$）。

表 4-4　不同脂肪含量饲料对血鹦鹉鱼体色的影响

项目	饲料组别			
	1	2	3	4
体色	12.09±0.35^{ab}	12.30±0.89^{ab}	13.33±0.49^a	10.91±0.57^b

注：同一行数据右上角的不同字母表示差异显著（$n=3$，$P<0.05$）。

（三）不同脂肪含量饲料对血鹦鹉鱼免疫指标的影响

不同脂肪含量饲料对血鹦鹉鱼免疫指标的影响如表 4-5 所示，不同脂肪含量饲料对酸性磷酸酶的影响表现为随脂肪含量的增加呈现先升高后降低的趋势，在饲料脂肪含量为 13.50%时达到最大值 95.52U/100mL；对碱性磷酸酶的影响表现为随脂肪含量的增加而呈现升高的趋势，最大值为 34.39 金氏单位/100mL；对丙二醛的影响表现为随脂肪含量的增加而呈现升高的趋势，最大值为 16.89nmol/mL；对超氧化物歧化酶的影响表现为随脂肪含量的升高而呈现出先降低后升高的趋势，在饲料脂肪含量为 10.53%时达到最低值，为 51.98U/mL。

表 4-5　不同脂肪含量饲料对血鹦鹉鱼免疫指标的影响

项目	饲料组别			
	1	2	3	4
ACP	66.68±1.87[ab]	73.23±15.50[ab]	95.52±7.89[a]	59.38±5.73[b]
AKP	15.94±3.32[b]	22.35±4.77[ab]	30.10±5.05[a]	34.39±2.52[a]
CAT	18.40±1.61	19.04±1.81	27.75±6.57	26.87±3.88
LZM	4.67±1.22	28.71±11.13	26.58±9.59	15.71±3.37
MDA	1.56±0.13[b]	1.83±0.18[b]	5.35±2.77[ab]	16.89±6.65[a]
SOD	80.41±7.34[ab]	51.98±6.83[a]	92.20±8.55[b]	96.54±11.74[b]

注：同一行数据右上角的不同字母表示差异显著（$n=3$，$P<0.05$）。
ACP：酸性磷酸酶，U/100mL；AKP：碱性磷酸酶，金氏单位/100mL；CAT：过氧化氢酶，U/100mL；LZM：溶菌酶；MDA：丙二醛，nmol/mL；SOD：超氧化物歧化酶，U/mL。

（四）不同脂肪含量饲料对血鹦鹉鱼消化酶活力的影响

如表 4-6 所示，不同脂肪含量饲料对淀粉酶活力的影响总体表现为先上升后下降，在脂肪含量为 13.50% 时达到最大值 44.16；对胰蛋白酶活力有较大影响，脂肪含量 16.81% 时达到最大值4 652.85；对肝胰脏脂肪酶活力的影响表现为高脂肪组饲料（13.50%、16.81%）脂肪酶活力显著高于低脂肪组饲料（7.40%、10.53%）。

表 4-6　不同脂肪含量饲料对血鹦鹉鱼消化酶活力的影响

项目	饲料组别			
	1	2	3	4
淀粉酶（U/mg）	17.09±1.73[b]	16.94±2.83[b]	44.16±7.17[a]	34.08±9.31[ab]
胃蛋白酶（U/mg）	0.39±0.13	0.30±0.05	0.38±0.03	0.52±0.11
胰蛋白酶（U/mg）	1 864.04±532.65[b]	868.16±475.27[b]	4 476.27±568.33[a]	4 652.85±483.20[a]
脂肪酶（U/mg）	163.15±26.07[b]	154.88±20.82[b]	242.43±14.33[a]	245.39±18.27[a]

注：同一行数据右上角的不同字母表示差异显著（$n=3$，$P<0.05$）。

三、讨论

(一) 脂肪对生长的影响

脂肪是鱼类生长必需的营养物质，饲料中脂肪含量不足或者缺乏会引起脂溶性维生素和必需脂肪酸的缺乏，导致鱼类生长缓慢。鱼油是鱼虾重要的脂质来源，鱼油的主要成分是甘油三酯、磷甘油醚、类脂、脂溶性维生素以及蛋白质降解物等。鱼类配合饲料中如果脂肪过量、营养组配失衡或缺少磷脂、胆碱、肉碱等物质，都易造成养殖鱼类的营养性脂肪肝。鱼饲料中添加鱼油，能够抑制或减少肝脂的积累。鱼虾饲料脂肪中的脂肪酸分为饱和脂肪酸和不饱和脂肪酸，鱼虾对饱和脂肪酸吸收很少。不饱和脂肪酸来源于鱼油和陆地植物，是鱼虾主要的必需脂肪酸。不饱和脂肪酸对维持鱼类健康、正常生长繁殖和体色以及提高饲料的利用效率等具有重要作用。

人们研究发现，在鱼类饲料中添加适宜的脂肪可提高蛋白质的利用率，促进鱼类生长。饲料中添加适量沙丁鱼油提高脂肪含量对大头鲃增重效果明显，其中饲喂 6% 沙丁鱼油对鱼体生长的促进作用最强。黄鳝获得最佳生长效果所需鱼油含量为 2.08%，粗脂肪含量为 8.44%。饲料脂肪水平对胭脂鱼的生长性能有显著影响，当添加量为 6.88% 时，胭脂鱼增重率、特定生长率达到最大值。本实验发现随脂肪含量的增加 (7.40%、10.53%、13.50%、16.81%)，鱼体生长效果呈现先上升后下降的趋势，在脂肪含量 10.53% 时生长效果最佳。另有研究表明，脂肪水平为 6% 时，团头鲂的增重率和特定生长率显著高于脂肪含量为 3% 与 9% 的两组。脂肪水平 10.52% 时，锦鲤幼鱼增重率和特定生长率高于脂肪含量为 5.36%、7.74%、12.85%、15.45% 的四组。说明适当的饲料脂肪水平可以提高饲料营养物质的利用率，促进鱼体生长，但过高的脂肪水平可能使肝脏脂肪沉积增多，降低鱼对其的消化吸收和利用，不利于鱼体的生长和健康。

(二) 脂肪含量对消化酶活力的影响

白甲鱼幼鱼脂肪酶活性随饲料脂肪含量的增加呈先升后降的变化趋势，且在脂肪水平为 9.14% 时最大，为 296.03 U/g；饲料脂肪水平显著影响胭脂鱼消化酶活性，随脂肪水平的增加，蛋白酶和淀粉酶活性受到抑制。本实验研究发现在脂肪含量为 13.50%、16.81%时，淀粉酶、脂肪酶活性明显高于脂肪含量低的两组，对本实验而言饲料脂肪含量的增加对血鹦鹉鱼消化酶活性的增加有促进作用。但本实验未出现脂肪含量过高而脂肪酶活性下降的情况，这可能是由于脂肪含量设置并未达到高脂肪含量水平。

（三）脂肪含量对免疫酶活力的影响

有研究发现，适宜的饲料脂肪水平可提高梭鱼的抗氧化能力，脂肪水平过高则会导致抗氧化能力下降。本实验研究发现饲料脂肪含量高的两组超氧化物歧化酶和过氧化氢酶活性明显高于脂肪含量低的两组，表明脂肪含量的增加可以提高血鹦鹉鱼的抗氧化能力。但本实验并未出现脂肪含量过高而导致抗氧化能力下降的情况，可能是由于脂肪含量设置并未达到过高水平。

第二节　芦荟粉对血鹦鹉鱼幼鱼体色与生长的影响

一、材料与方法

（一）实验饲料

实验以进口秘鲁鱼粉以及天然大豆粕、次粉、谷朊粉、鱼油、卵磷脂、多矿、多维优质原料为基础饲料。饲料中分别添加 0、0.25%、0.5%、0.75%、1%的芦荟粉（分别用 D1、D2、D3、D4、D5 表示），配方以及营养成分见表 4-7。原料粉碎通过 60 目筛，按配方准确称量各种实验饲料原料，微量组分并采用逐级扩大法混合，一次混匀后加适量的水，再次混合均匀，通过 TK-22 型绞肉机压制成条状实验饲料，阴干后将其放入烘箱（GZX-9070 MBE），65℃烘制 12h，取出后放置片刻，用 TK-22 型绞肉机粉碎，过筛，筛选 1~2mm 的饲料。按照饲料配方在制作好的实验饲料上喷上天然鱼油，当鱼油完全渗透实验饲料后装袋，密闭阴凉保存。

库拉索芦荟全叶冻干粉（规格 100∶1）购自云南元江万绿生物有限公司。

表 4-7 实验饲料配方（%，干物质）

原料	饲料组别				
	D1	D2	D3	D4	D5
鱼粉	31.98	31.98	31.98	31.98	31.98
大豆粕	24	24	24	24	24
谷朊粉	10	10	10	10	10
次粉	25.59	25.34	25.09	24.84	24.59
鱼油	4.83	4.83	4.83	4.83	4.83
卵磷脂	2	2	2	2	2
多矿	0.60	0.60	0.60	0.60	0.60
多维	1.00	1.00	1.00	1.00	1.00
芦荟粉	0	0.25	0.5	0.75	1

（二）实验鱼饲养管理

养殖实验在天津嘉禾田园观赏鱼养殖场的观赏鱼水族箱中进行。鱼苗选用同批次苗种。实验开始前，在水泥池中暂养驯化两周。实验鱼饥饿24h后，挑选健康状况良好、规格一致 [初始体质量为（5.26±0.14）g，初始体长为（3.6±0.2）cm] 的血鹦鹉鱼幼鱼 450 尾随机分配到 15 个水族箱（40cm×50cm×40cm）中。实验开始后，每天投喂 2 次（上午 7：30 和下午 3：30），饱食投喂。实验进行 42d，实验结束后对鱼进行称量。实验期间水温为 27.2～28.5℃，pH 为 6.5 左右，溶氧在 8mg/L。

（三）样品采集与测定

实验结束后每个水族箱随机取 4 尾鱼，取肝胰脏称重后于 -70℃ 冰箱保存，测消化酶、免疫酶活力。

实验鱼生长指标和形态学指标：

$$增重率（WG，\%）=（W_t-W_0）/W_0×100\%$$

$$特定生长率（SGR，\%/d）=（\ln W_t-\ln W_0）×100\%/T$$

$$摄食率 [IR，g/（尾·d）] = C/N/T$$

$$饵料系数（FCR）= C/（W_2-W_1）$$

$$肥满度（CF，g/cm^3）= W_t/L^3×100\%$$

$$肝体比（HIS，\%）= W_g/W_t×100\%$$

$$内脏比（VIS，\%）= W_n/W_t×100\%$$

$$成活率（SR,\%）= N_1/N_2 \times 100\%$$

式中：W_0为实验开始时鱼体尾均重，g；W_t为实验结束时鱼体尾均重，g；W_g为鱼体肝胰脏重量，g；W_n为鱼体内脏重量，g；L为鱼体长，cm；T为实验持续时间，d；C为摄食饲料重量，g；N为每个水槽鱼数量；N_1为实验开始时每个水槽鱼的数量；N_2为实验结束时每个水槽鱼的数量。

肝胰脏消化酶、免疫酶活力测定：

淀粉酶、胃蛋白酶、胰蛋白酶、脂肪酶指标使用南京建成科技有限公司试剂盒进行测定。

溶菌酶（LMZ）、超氧化物歧化酶（SOD）、丙二醛（MDA）、酸性磷酸酶（ACP）、碱性磷酸酶（AKP）、过氧化氢酶（CAT）指标使用南京建成科技有限公司试剂盒进行测定。

实验饲料样品营养测定：

实验饲料分析采用国际标准方法（AOAC，1995），水分采用105℃常压干燥法测定；粗蛋白采用凯氏定氮法测定（Kjeltec 9840 全自动凯氏定氮仪）；粗脂肪采用索氏抽提法测定，提取有机溶剂为乙醚；灰分采用550℃马弗炉高温灼烧法测定。

（四）褪色率测定

血鹦鹉鱼初孵仔鱼是黑色的，在成长中通过自身的新陈代谢不断褪去体表的黑色素。血鹦鹉鱼幼鱼褪去体表黑色素首先从头部开始，再到鳍条、腹部，最后到背部肌肉、尾部，以至全身各处。血鹦鹉鱼幼鱼褪黑色素比例依据其各部分褪色比例进行统计（表4-8）。养殖实验结束后，根据血鹦鹉鱼幼鱼褪色标准，观测记录每尾鱼的褪色比例。

表4-8　血鹦鹉鱼幼鱼褪色标准

褪黑色素比例（%）	血鹦鹉鱼幼鱼褪色
100	体表黑色素完全褪去，呈白色或浅黄色，无杂点，达到市场要求规格
90	头部、鳍条98%左右黑色素褪去；体表85%褪去，仅有背脊部或分散于体表的15%左右黑色素未褪去
80	头部、鳍条95%左右黑色素褪去；体表75%褪去，仅有背脊部或分散于体表的20%左右黑色素未褪去

（续）

褪黑色素比例（%）	血鹦鹉鱼幼鱼褪色
70	头部、鳍条 90%左右黑色素褪去；体表 65%褪去，仅有背脊部或分散于体表的 25%左右黑色素未褪去
60	头部、鳍条 85%左右黑色素褪去；体表 55%褪去，仅有背脊部或分散于体表的 30%左右黑色素未褪去
50	头部、鳍条 80%左右黑色素褪去；体表 45%褪去，仅有背脊部或分散于体表的 40%左右黑色素未褪去
40	头部、鳍条 75%左右黑色素褪去；体表 35%褪去，仅有背脊部或分散于体表的 50%左右黑色素未褪去
30	头部、鳍条 70%左右黑色素褪去；体表 25%褪去，仅有背脊部或分散于体表的 55%左右黑色素未褪去
20	头部、鳍条 60%左右黑色素褪去；体表 15%褪去，仅有背脊部或分散于体表的 60%左右黑色素未褪去
10	头部、鳍条 50%左右黑色素褪去；体表 10%褪去，仅有背脊部或分散于体表的 65%左右黑色素未褪去
0	头部、鳍条 0～50%黑色素褪去；体表 0～10%褪去，仅有背脊部或分散于体表的 85%左右黑色素未褪去

血鹦鹉鱼幼鱼平均褪色率是每个养殖水槽中所有鱼褪黑色素比例的平均值。

（五）数据处理

实验数据用 SPSS Version16.0 软件作统计分析。先对数据进行单因素方差分析（ANOVA），如有显著性差异（$P<0.05$），则做 Duncan's 多重比较。分析数据使用"平均数±标准误"表示。

二、结果与分析

（一）饲料芦荟粉水平对血鹦鹉鱼幼鱼生长性能的影响

随着饲料中芦荟粉含量的增加，血鹦鹉鱼幼鱼增重率不断降低，对照组增重率最大，为 119.41%，1.00%芦荟粉组血鹦鹉鱼幼鱼增重率显著低于对照组（$P<0.05$）；当饲料中芦荟粉添加量低于 0.75%时，各组差异不显著（$P>0.05$）。饲料中添加芦荟粉对血鹦鹉鱼幼鱼摄食率、内脏比无显著影响（$P>0.05$）。血鹦鹉鱼幼鱼饲料系数随芦荟粉含量增加呈上升趋势，1.00%芦荟粉饲料组饲料系数最大（2.79），显著高于对照组

（$P<0.05$）。不同饲料组血鹦鹉鱼幼鱼成活率在 89%～92.22%，无显著差异（$P>0.05$）。随着饲料中芦荟粉含量的增加，血鹦鹉鱼幼鱼肝体比指数逐渐降低，对照组显著高于 0.75% 与 1% 芦荟粉饲料组（$P<0.05$）（表 4-9）。

表 4-9　不同芦荟粉含量饲料对血鹦鹉鱼生长性能的影响

项目	组别				
	D1 (0)	D2 (0.25%)	D3 (0.5%)	D4 (0.75%)	D5 (1%)
肥满度 CF（g/cm³）	11.05±0.18	11.63±0.53	11.54±0.57	11.22±0.30	11.22±0.57
特定生长率 SGR（%/d）	1.87±0.07[a]	1.73±0.08[ab]	1.72±0.11[ab]	1.57±0.02[ab]	1.55±0.14[b]
增重率 WG（%）	119.41±6.43[a]	107.74±6.99[ab]	105.99±9.18[ab]	93.00±1.31[ab]	92.63±10.93[b]
成活率 SR（%）	89.75±5.79	90.00±8.82	89.00±3.32	92.22±3.85	89.78±5.09
摄食率 IR [g/（尾·d）]	0.31±0.005	0.31±0.005	0.32±0.006	0.32±0.004	0.32±0.002
饲料系数 FCR	2.11±0.09[b]	2.23±0.07[ab]	2.27±0.18[ab]	2.58±0.03[ab]	2.79±0.38[a]
肝体比 HIS（%）	2.17±0.06[a]	2.01±0.10[ab]	1.95±0.11[ab]	1.91±0.06[bc]	1.69±0.02[c]
内脏比 VIS（%）	9.68±0.85	9.52±0.56	9.35±1.31	8.68±0.21	8.16±0.58

注：同一行数据右上角的不同字母表示差异显著（$n=3$，$P<0.05$）。

（二）饲料芦荟粉水平对血鹦鹉鱼幼鱼消化酶活力的影响

饲料中芦荟粉的不同添加水平对血鹦鹉鱼幼鱼消化酶活力的影响见表 4-10。不同饲料芦荟粉含量组中，各种消化酶活力差异不显著（$P>0.05$）。整体看来，胰蛋白酶、脂肪酶活力随着饲料中芦荟粉水平增加呈先升高后下降又升高的趋势，分别在 0.5%、0.25% 饲料组到达最高值（6 515.44U/mg、236.33U/mg）；淀粉酶活力随芦荟粉增加呈先下降后上升又下降的趋势，在 0.75% 饲料组达最高值（81.93U/mg）。

表 4 - 10　不同芦荟粉含量饲料对血鹦鹉鱼消化酶活力的影响

项目	饲料组别				
	D1 (0)	D2 (0.25%)	D3 (0.5%)	D4 (0.75%)	D5 (1%)
淀粉酶 (U/mg)	52.79±9.38	48.67±0.38	69.04±9.32	81.93±14.51	70.85±13.04
胃蛋白酶 (U/mg)	0.633±0.42	0.37±0.12	0.44±0.08	0.47±0.16	0.60±0.18
胰蛋白酶 (U/mg)	4 562.91± 1 767.44	4 643.07± 1 211.14	6 515.44± 2 529.36	5 436.40± 117.53	5 788.10± 553.80
脂肪酶 (U/mg)	175.48±29.22	236.33±5.44	216.24±25.10	213.43±8.21	232.34±15.75

（三）饲料芦荟粉水平对血鹦鹉鱼幼鱼免疫指标的影响

饲料芦荟粉含量对丙二醛含量有较大影响，对照组中丙二醛含量显著低于实验 D3 组 ($P < 0.05$)。随着饲料芦荟粉水平升高，超氧化物歧化酶活力呈先降低后升高又降低趋势，当饲料芦荟粉含量达 0.5% 后，超氧化物歧化酶活力最强 (142.51)，差异不显著 ($P > 0.05$)。不同芦荟粉含量饲料对血鹦鹉鱼血清酸性磷酸酶、碱性磷酸酶、过氧化氢酶、溶菌酶活力影响不在 (表 4 - 11)。

表 4 - 11　不同芦荟粉含量饲料对血鹦鹉鱼免疫指标的影响

项目	饲料组别				
	D1 (0)	D2 (0.25%)	D3 (0.5%)	D4 (0.75%)	D5 (1%)
酸性磷酸酶 ACP (U/100mL)	173.21±67.93	129.04±16.84	121.75±10.01	136.79±1.88	107.23±7.43
碱性磷酸酶 AKP (U/100mL)	47.06±11.39	27.83±5.14	47.11±8.65	34.67±5.73	36.84±0.96
过氧化氢酶 CAT (U/100mL)	19.80±1.63	23.13±0.28	25.90±1.91	19.87±2.61	24.13±3.21
溶菌酶 LZM (ug/mL)	30.15±8.89	44.73±14.75	42.58±19.08	43.36±5.33	34.43±6.59
丙二醛 MDA (nmol/mL)	5.67±0.78[b]	5.14±1.41[b]	14.38±4.49[a]	6.55±0.65[b]	7.53±1.19[ab]
超氧化物歧化酶 SOD (U/mL)	114.87±23.63	109.55±13.69	142.51±33.11	119.04±1.63	113.50±10.27

注：同一行数据右上角的不同字母表示差异显著 ($n = 3$, $P < 0.05$)。

（四）饲料芦荟粉水平对血鹦鹉鱼幼鱼黑色素褪去的影响

随着饲料中芦荟粉含量的增加，0褪色血鹦鹉鱼幼鱼的比例先降低后升高，在0.75%组达到最小值，但各组差异不显著（$P>0.05$）。100%褪色血鹦鹉鱼幼鱼的比例随着饲料中芦荟粉含量的升高而波动，0.75%芦荟粉含量组达到最大值39.24%，显著高于对照组（$P<0.05$）。血鹦鹉鱼幼鱼平均褪色率在饲料芦荟粉含量为0.75%时达到最大值，显著高于对照组（$P<0.05$）（表4-12、图4-1）。

表4-12 不同芦荟粉含量饲料对血鹦鹉鱼褪色的影响

项目	组别				
	D1（0）	D2（0.25%）	D3（0.5%）	D4（0.75%）	D5（1%）
0褪色比例（%）	20.68±5.67	14.53±3.03	11.11±5.05	6.92±3.87	14.25±2.09
100%褪色比例（%）	18.77±6.91[b]	34.96±2.83[ab]	28.55±6.54[ab]	39.24±6.65[a]	28.21±5.57[ab]

注：同一行数据右上角的不同字母表示差异显著（$n=3$，$P<0.05$）。

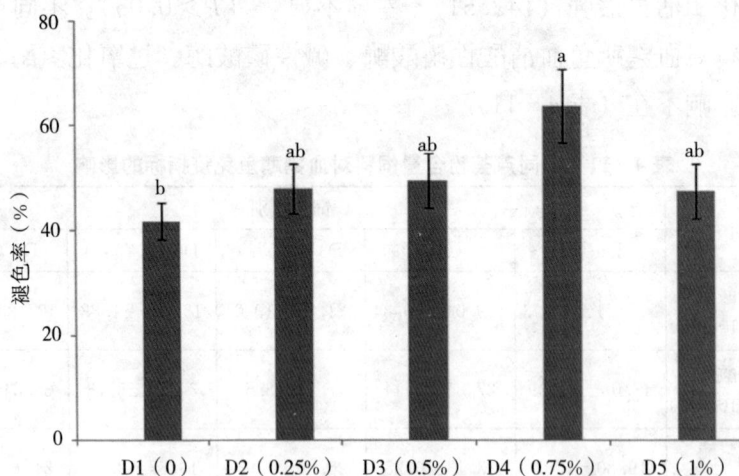

图4-1 饲料芦荟粉水平对血鹦鹉鱼幼鱼褪色率的影响

三、讨论

芦荟粉兼有营养作用和药用价值，诸多实验研究表明其作为饲料添加剂可提高仔猪、仔鸡等动物生长性能。

然而，在本实验结果中，饲料芦荟粉水平低于0.75%时，对血鹦鹉鱼幼鱼的成活率、特定生长率、肥满度没有提高的趋势。王常安等

（2011）在饲料中分别添加 0、0.125%、0.250%、0.500%、1.000% 的芦荟粉饲养西伯利亚鲟 56d，实验结果表明，饲料中添加芦荟粉对西伯利亚鲟增重率、特定生长率、饵料系数等无显著影响。本研究还表明，饲料中添加过量的芦荟粉会显著降低血鹦鹉鱼幼鱼的生长率。其他研究报道中，当给动物长期投喂添加芦荟粉的饲料时，可能会对动物机体产生毒副作用。针对大鼠的研究表明，其长期食用芦荟全叶粉，生长会受抑制，结肠黏膜色素沉积，肾滤过通透性增强，肾疾患加重，出现肾炎、血尿、蛋白尿、肾功能障碍等症状。

芦荟多糖可显著提高正常小鼠腹腔巨噬细胞的吞噬能力，促进溶血素、溶血空斑形成及淋巴细胞转化，促进小鼠腹腔巨噬细胞分泌白介素，并通过该机制增强机体的免疫功能。饲料中添加 0.25%～0.5% 的芦荟粉可提高西伯利亚鲟的抗氧化能力，超氧化物歧化酶活力在饲料芦荟粉含量为 0.5% 时达到最大值；饲料中添加芦荟粉对西伯利亚鲟血浆球蛋白、谷丙转氨酶活力、血糖、补体 C3、补体 C4、酸性磷酸酶活力、碱性磷酸酶活力等无显著影响（王长安等，2011）。本实验中，当饲料芦荟粉含量为 0.5% 时，血鹦鹉鱼肝胰脏超氧化物歧化酶活力达到最大值，但各组差异不显著。芦荟粉对于血鹦鹉鱼幼鱼免疫力的影响还需要进一步研究。

黑色素是有色生物聚合体，决定皮肤类型和颜色，由分散在表皮结合部的树突状 MC 合成。一些基因参与调节 MC 生物活性与黑色素合成。黑色素合成在 MS 中进行，MS 中含有控制色素产生的特异性酶。表皮的黑色素化过程是一个涉及许多因子的动态事件，限速酶中的酪氨酸酶催化酪氨酸羟化生成多巴，后者氧化成多巴醌，随后经过自动氧化、自发环化、聚合等过程产生黑色素。谭城等（2002）研究结果表明，芦荟素、肉桂酸和苦参碱可以显著抑制酪氨酸酶活性，其中芦荟素、苦参碱对酪氨酸酶抑制率高于氢醌。在本实验的研究结果中发现，饲料中添加芦荟粉，可以影响血鹦鹉鱼幼鱼黑色素的褪去，在芦荟粉含量为 0.75% 时，血鹦鹉鱼幼鱼褪色效果最好。谭城等（2002）研究发现，水苏碱、丹皮酚、杜鹃素、吴茱黄内酯、芦荟素、肉桂酸及苦参碱对酪氨酸酶都会有不同程度的抑制作用，芦荟素、肉桂酸、苦参碱对酪氨酸酶抑制作用呈剂量依赖性增强。因此，饲料芦荟粉中的芦荟素可以使酪氨酸酶受到抑制，并下调酪氨酸酶活性，从而促进血鹦鹉鱼幼鱼褪色（彩图 35）。

第三节　血鹦鹉鱼增色型功能饲料技术

一、辣椒红色素混合物对血鹦鹉鱼着色和生化指标的影响

本部分通过对超氧化物歧化酶（Superoxide Dismutase，SOD）、丙二醛（Malondialdehyde，MDA）、过氧化氢酶（Catalase，CAT）、谷草转氨酶（Aspertate aminotransferase，AST）、谷丙转氨酶（Glutamic-pyruvic transaminase，GPT）、类胡萝卜素（Carotenoid）以及体色的明度（L^*）、红度（a^*）、黄度（b^*）和蛋白浓度的测定，来说明辣椒红色素混合物对血鹦鹉鱼的着色和生化指标的影响。通过对以上指标的差异进行比较，初步分析在血鹦鹉鱼养殖生产中所用含有辣椒红色素饲料的更好配合方式。

（一）实验材料

1. 实验用鱼

实验用鱼外观正常，体质健壮，无病害，体色均匀，体表完好无损，体长（8.38±1）cm，体质量（9.03±0.1）g，共 540 尾。挑选大小均一、体色相近的鱼放置在蓝色长方形塑料箱中，每箱 60 尾，每箱水量约为 30L。暂养两周，使其适应实验环境，减少应激反应。暂养期间水温 27～32℃。为了减少实验期内鱼类排泄物对实验的影响，实验前停食 3d。

2. 实验仪器

756 型紫外分光光度计：北京瑞利分析仪器公司生产。

TGL-5-A 型低速台式大容量离心机：上海安亭科学仪器厂生产。

WH-2 型微型旋涡混合仪：上海沪西分析仪器厂生产。

电热恒温水浴箱：天津华北实验机械厂生产。

AE240s 型电子分析天平：上海酶特勒-托利多仪器有限公司生产。

HD-7 型可调自动匀浆器：江苏科贸技术仪器公司生产。

3. 实验试剂

超氧化物歧化酶（SOD）、丙二醛（MDA）、过氧化氢酶（CAT）、谷草转氨酶（AST）、谷丙转氨酶（GPT）、类胡萝卜素试剂盒及总蛋白浓度测定试剂盒均为南京建成生物工程研究所生产。

实验药品：0.9%生理盐水、无水乙醇、50%冰醋酸、冰乙酸等。

基础饲料为天津市天祥水产有限责任公司生产，置干燥阴凉处储存。

辣椒红色素为石家庄市绿川生物科技有限公司生产，磷脂为北京源华美磷脂科技有限公司生产，维生素 E 为郑州四阳化工产品有限公司生产。

（二）实验方法

1. 实验饲料的制备

A 组为添加 0.7% 辣椒红色素和 0.3% 维生素 E 的混合饲料。将计算称量好的辣椒红色素与维生素 E 加水混合，调匀后加到事先称重好的基础饲料中，搅拌均匀。B 组为添加 0.7% 辣椒红色素与 0.3% 磷脂的混合饲料，将计算称量好的辣椒红色素与磷脂加水混合，调匀后加到事先称重好的基础饲料中，搅拌均匀。C 组为对照组，是无任何添加剂的基础饲料。

2. 实验鱼分组、养殖以及组织和血清样品的提取

按照投喂饲料的不同，分为三组进行实验，第一组（A 组）添加 0.7% 着色剂辣椒红色素和 0.3% 维生素 E，第二组（B 组）添加 0.7% 着色剂辣椒红色素和 0.3% 磷脂，第三组（C 组）为空白对照组，为确保数据的准确性，每组设置三个平行，各 60 尾鱼。将着色剂及载体用水混匀，加入成品饲料中，使饲料与混合物充分混匀，制成实验用饲料。每天换水两次，每次换水量为实际水体积的 3/4，水温保持（30±2）℃。每日投喂两次，实验时间为 30d。实验用水全部为前一天曝气后的自来水。

实验结束后，每箱随机抽取 10 尾鱼分别取其肝胰脏、肌肉、皮肤各 200mg 左右，放置在冰冷的生理盐水中漂洗，除去血液，用滤纸拭干，再用移液器加入 9 倍于组织块质量的预冷匀浆介质（0.9%的生理盐水），在匀浆器中进行匀浆，用匀浆管在冰水中匀浆 15min，4 500r/min，4℃ 离心 15min，取上清液备用。

实验结束后，每箱随机抽取 10 尾采血，采用尾部静脉抽血，4 500r/min，4℃离心 15min，每尾鱼单独测定，取血清备用。

3. 样品及鱼体色指标的测定

本实验要测定九个指标，超氧化物歧化酶（SOD）、丙二醛（MDA）、过氧化氢酶（CAT）为抗氧化指标；谷草转氨酶（AST/GOT）、谷丙转氨酶

（ALT）为血清的生化指标；类胡萝卜素、L*、a*、b* 为着色指标。

每组各取 10 尾鱼，测定其体色。测定各组实验鱼体表 L*、a*、b* 值时，先用吸水纸将鱼体表面的水分吸干，放置在托盘里的纱布上，再将色差计的探头紧贴于实验鱼体表（每尾都选取同一位置测定），并记录结果。

（三）数据处理与统计分析

所有数据均用 Excel 2003 及 SPSS 13.0 进行分析处理。

（四）结果与分析

1. 辣椒红色素混合物对血鹦鹉鱼体色的影响

向基础饲料中添加 0.7%辣椒红色素、0.3%维生素 E、0.3%磷脂分别组合形成 A、B 组，C 组为空白，养殖血鹦鹉鱼 30d，测得的三组鱼体色指标和类胡萝卜素含量见表 4-13 及表 4-14。

表 4-13　辣椒红色素混合物对血鹦鹉鱼体色的影响

组别	L*	a*	b*
A	54.97±0.97[a]	−5.09±2.39[a]	16.12±1.7[a]
B	59.05±1.65[ab]	−8.63±1.67[a]	11.96±0.65[ab]
C	60±0.79[b]	−8.55±1.33[a]	4.12±0.09[b]

注：同一列数据右上角的不同字母表示差异显著（$P<0.05$）。

根据表 4-13 可知，L*（明度）值，C 组＞B 组＞A 组，A 组与 C 组呈现出显著性差异；a*（＋代表偏红，－代表偏绿）值，A 组＞C 组＞B 组，三组数值差异不显著（$P>0.05$）；b*（＋代表偏黄）值，A 组＞B 组＞C 组，其中 A 组显著高于 C 组（$P<0.05$）。可见添加辣椒红色素对鱼体的黄度提高效果好。

表 4-14　辣椒红色素混合物对血鹦鹉鱼各组织器官类胡萝卜素活性的影响

组别	肌肉	皮肤	肝胰脏
A	110.02±2.804[a]	115.875±4.15[b]	109.722±3.024[b]
B	96.58±4.133[b]	109.697±7.300[b]	109.222±5.660[b]
C	79.314±3.352[c]	83.517±1.861[a]	80.685±0.991[a]

注：同一列数据右上角的不同字母表示差异显著（$P<0.05$）。

类胡萝卜素的结构、功能多样，是一种重要的天然色素。它的分布也极为广泛，存在于植物、动物和微生物等各种生物体。类胡萝卜素在鱼体中主要贮藏在皮肤、鱼鳍、肌肉与体内组织等组织器官。根据表 4-14，肌肉中类胡萝卜素活力，A 组＞B 组＞C 组，A 组、B 组均与 C 组差异显著（$P<0.05$）；皮肤中的类胡萝卜素，A 组＞B 组＞C 组，A、B 两组均高于 C 组，差异显著（$P<0.05$）；肝胰脏中的类胡萝卜素，A 组＞B 组＞C 组，C 组明显低于其他两组，差异显著（$P<0.05$）。由此可知，三组不同的饲料中，A 组对鱼体肌肉、皮肤、肝胰脏组织中类胡萝卜素活性影响最显著，说明饲料中添加辣椒红色素和维生素 E 对鱼体的色素沉积有较好效果。饲料中的类胡萝卜素直接影响鱼体着色的效果。

2. 辣椒红色素混合物对血鹦鹉鱼抗氧化指标的影响

向基础饲料中添加 0.7%辣椒红色素、0.3%维生素 E、0.3%磷脂分别组合形成 A、B 组，C 组为空白组，投喂血鹦鹉鱼 30d，测得的 SOD、CAT 以及 MDA 见表 4-15。

表 4-15　辣椒红色素混合物对血鹦鹉鱼肝胰脏抗氧化指标的影响

组别	SOD（U/mg）	CAT（nmol/mg）	MDA（U/mg）
A	233.039±9.458[b]	175.875±5.790[a]	75.963±7.390[a]
B	206.502±9.344[ab]	257.929±6.091[b]	29.703±4.256[b]
C	193.192±2.449[a]	139.680±2.476[c]	241.742±7.176[c]

注：同一列数据右上角的不同字母表示差异显著（$P<0.05$）。

取鱼体肝胰脏对其 SOD、CAT 活性及 MDA 含量进行检测。表 4-15 表明，肝胰脏中 SOD 活力 A 组＞B 组＞C 组，A 组 SOD 活力高于 C 组，呈显著差异（$P<0.05$）；肝胰脏中 CAT 活力 B 组＞A 组＞C 组，B 组 CAT 活力明显高于其他组，差异显著（$P<0.05$）；肝胰脏中 MDA 含量为 B 组＜A 组＜C 组，A、B 两组丙二醛（MDA）含量明显低于 C 组（$P<0.05$）。

SOD 与 CAT 指标较高都说明鱼体的健康程度为良好，因此在饲料中添加这几种添加剂对血鹦鹉鱼体质的提高有一定作用。而 MDA 含量是细胞膜氧化损伤的评价指标，实验结果显示 A、B 组均低于 C 组，表明 A、

B组的鱼要比C组的鱼健康。

3. 辣椒红色素混合物对血鹦鹉鱼血清中谷丙转氨酶（ALT）与谷草转氨酶（GOT）活性的影响

0.7%辣椒红色素分别与0.3%维生素E和0.3%磷脂组合形成辣椒红混合物A、B组，C组为未添加任何着色剂与载体的对照组，分别投喂血鹦鹉鱼30d，测得的谷丙转氨酶（ALT）、谷草转氨酶（GOT）活力见表4-16。

表4-16表明，血清中谷丙转氨酶（ALT）活力，B组<A组<C组，但差异不显著（$P>0.05$）；谷草转氨酶（GOT）活力，A组<B组<C组，但差异不显著（$P>0.05$）。由此说明，A、B组对肝胰脏损伤的保护性较C组稍强。

表4-16　辣椒红色素混合物对血鹦鹉鱼血清中ALT和GOT活性的影响

组别	ALT	GOT
A	1.506 ± 0.09^a	1.382 ± 0.315^a
B	1.337 ± 0.185^a	1.525 ± 0.176^a
C	1.516 ± 0.473^a	1.585 ± 0.404^a

注：同一列数据右上角的不同字母表示差异显著（$P<0.05$）。

（五）结论

通过对血鹦鹉鱼投喂三种不同组合的饲料，发现添加0.7%着色剂辣椒红色素和0.3%维生素E对促进鱼体生长效果更佳，同时也对提高鱼体的抗氧化能力和类胡萝卜素积累有较好的效果，对鱼体黄度的影响也较好。本实验还说明投喂不同组合的饲料对血鹦鹉鱼血清中谷丙转氨酶和谷草转氨酶的活性并没有影响，即对其肝胰脏无负面影响。综合考虑，添加着色剂辣椒红色素（0.7%）和维生素E（0.3%）的效果较理想。在血鹦鹉鱼的实际生产中，在饲料中添加着色剂辣椒红色素和维生素E，既能保证血鹦鹉鱼的生长速度和生化指标的正常，又能保证着色效果。

二、叶黄素混合物对血鹦鹉鱼着色与生化指标的影响

（一）实验材料与方法

1. 实验鱼

挑选健康、大小均匀的520尾血鹦鹉鱼，体质量（5.08±0.88）g，

体长为（5.3±0.5）cm。

2. 实验药物

叶黄素：浙江芭士曼生物科技有限公司生产，浓度为1%。

磷脂：上海津琪食品有限公司生产，浓度为100%。

维生素E：嘉兴芎园生技食品有限公司生产，浓度为50%。

3. 实验仪器

756型紫外分光光度计：北京瑞利分析仪器公司生产。

TGL-5-A型低速台式大容量离心机：上海安亭科学仪器厂生产。

电热恒温水浴箱：天津华北实验机械厂生产。

AE240s型电子分析天平：上海酶特勒-托利多仪器有限公司生产。

HD-7型可调自动匀浆器：江苏科贸技术仪器公司生产。

4. 实验试剂

超氧化物歧化酶、丙二醛、谷草转氨酶、谷丙转氨酶、过氧化氢酶测定试剂盒是由南京建成生物工程研究所生产。总蛋白测定试剂盒是由中生北控生物科技有限公司生产。

实验药品：0.86%生理盐水、无水乙醇、50%冰醋酸、冰乙酸等。

5. 实验管理

按照投喂方式的不同，实验设13组，有两组平行。叶黄素按0.1%（A_1）、0.3%（A_2）、0.5%（A_3）浓度比例分别和磷脂0.1%（a_1）、0.3%（a_2）浓度或维生素E 0.1%（b_1）、0.3%（b_2）浓度，用水与成品饲料混匀。各组实验鱼分别放在水泥池（150cm×150cm×150cm）中，每池20尾，实际水体积为80L。一周换一次水，每次换水量为实际水体积的1/4，水温保持25～28℃，pH 6.5～7.5，溶氧8mg/L。每日投喂3次，日投饵量为鱼体质量的1%。实验时间为30d，每天观察并记录鱼的摄食、残饵及死亡情况。

6. 血清的制备

实验结束后，每箱随机抽取15尾采血，采用尾部静脉抽血，4 500r/min、4℃离心30min，取血清备用。3尾血样合并后检测各项指标。

7. 肝胰脏匀浆的制备

取200mg左右的肝胰脏块在冰冷的生理盐水中漂洗，除去血液，用滤纸拭干,用移液器加入 9 倍于组织块质量的预冷匀浆介质 (0.86%的生理盐水),在匀浆器中进行匀浆,用匀浆管在冰水中匀浆 15min,4 500r/min、4℃离心 15min,取上清液备用。

8. 类胡萝卜素的测定

类胡萝卜素含量用南京建成生物工程研究所生产的测定试剂盒测定。

9. 着色指标的测定

用色差分析仪分别测量血鹦鹉鱼的明度 (L^*)、红度 (a^*)、黄度 (b^*)。测量前擦干鱼体表面附着的水。

10. 抗氧化性能的测定

超氧化物歧化酶 (SOD)、丙二醛 (MDA)、过氧化氢酶 (CAT) 采用南京建成生物工程研究所生产的试剂盒测定。

11. 肝功能的测定

谷草转氨酶 (AST/GOT)、谷丙转氨酶 (ALT) 采用南京建成生物工程研究所生产的试剂盒测定。

(二) 数据处理

数据均用 Excel 2007 及 SPSS 13.0 进行分析处理。利用 Excel 软件制作各指标平均值与标准差图表,利用 SPSS 软件进行方差分析。

(三) 结果与分析

1. 叶黄素混合物对组织中类胡萝卜素含量的影响

用 0.1%、0.3%、0.5%浓度的叶黄素 (A) 分别与 0.1%、0.3%浓度的磷脂 (a) 或 0.1%、0.3%维生素 E (b) 进行混合投喂,由表 4 - 17 数据分析可知,当饲料中混合 0.1%叶黄素 (A_1) 不变的情况下,混合 0.1%、0.3%浓度磷脂或维生素 E 和对照组相比,肝胰脏中的类胡萝卜素含量之间均没有显著差异 ($P > 0.05$)。当饲料中混合 0.3%叶黄素 (A_2) 不变的情况下,混合 0.1%、0.3%浓度磷脂,肝胰脏中的类胡萝卜素含量和对照组没有显著差异 ($P > 0.05$),混合 0.3%维生素 E 的肝胰脏中类胡萝卜素含量和对照组没有显著差异 ($P > 0.05$),而混合 0.1%维生素 E 的肝胰脏中类胡萝卜素含量与对照组相比存在显著差异 ($P < 0.05$)且比对照组含量高。当饲料中混合 0.5%叶黄素 (A_3) 不变的情况下,混合 0.1%、0.3%浓度磷脂、维生素 E 和对照组相比,肝胰脏中的类胡萝

卜素含量之间均没有显著差异（$P>0.05$），混合 0.1%维生素 E 的肝胰脏中类胡萝卜素含量和对照组没有显著差异（$P>0.05$），而混合 0.3%维生素 E 的肝胰脏中类胡萝卜素含量比对照组含量高且存在显著差异（$P<0.05$）。当饲料中混合 0.1%磷脂（a_1）不变的情况下，混合 0.1%、0.3%、0.5%浓度叶黄素，肝胰脏中的类胡萝卜素含量和对照组没有显著差异（$P>0.05$）。当饲料中混合 0.3%磷脂（a_2）不变的情况下，混合 0.1%、0.3%、0.5%浓度叶黄素，肝胰脏中的类胡萝卜素含量和对照组没有显著差异（$P>0.05$）。当饲料中混合 0.1%维生素 E（b_1）不变的情况下，混合 0.1%、0.5%浓度叶黄素，肝胰脏中的类胡萝卜素含量和对照组没有显著差异（$P>0.05$）；混合 0.3%浓度叶黄素，肝胰脏中的类胡萝卜素含量比对照组高且存在显著差异（$P<0.05$）。当饲料中混合 0.3%维生素 E（b_2）不变的情况下，混合 0.1%、0.3%浓度叶黄素，肝胰脏中的类胡萝卜素含量和对照组没有显著差异（$P>0.05$）；混合 0.5%浓度叶黄素，肝胰脏中的类胡萝卜素含量比对照组高且存在显著差异（$P<0.05$）。

表 4 - 17 叶黄素混合物对组织中类胡萝卜素含量的影响

处理	肝胰脏	肌肉
对照	121.12 ± 0.60^a	130.50 ± 1.94^{bcd}
A_1a_1	119.44 ± 1.08^a	113.64 ± 2.92^a
A_1a_2	123.46 ± 5.10^a	117.44 ± 0.92^{ab}
A_1b_1	116.62 ± 1.72^a	115.30 ± 0.42^a
A_1b_2	121.88 ± 3.52^a	120.54 ± 2.18^{abc}
A_2a_1	117.16 ± 0.24^a	118.46 ± 1.94^{abc}
A_2a_2	117.44 ± 0.92^a	124.58 ± 4.18^{abcd}
A_2b_1	140.96 ± 3.52^c	139.52 ± 7.96^e
A_2b_2	120.92 ± 1.80^a	120.64 ± 2.18^{abc}
A_3a_1	118.94 ± 1.58^a	125.30 ± 7.14^{abcd}
A_3a_2	139.46 ± 2.02^{ab}	138.46 ± 6.02^d

（续）

处理	肝胰脏	肌肉
A_3b_1	137.44 ± 0.00^{ab}	138.46 ± 6.02^d
A_3b_2	139.94 ± 0.00^b	132.44 ± 0.00^{cd}

注：相同字母代表差异不显著（$P>0.05$），不同字母代表差异显著（$P<0.05$）。

当饲料中混合 0.1%叶黄素不变的情况下，混合 0.1%、0.3%浓度磷脂或混合 0.1%、0.3%维生素 E 和对照组均不可使肌肉中的类胡萝卜素含量增加。所以加入 0.1%叶黄素混合物不利于类胡萝卜素含量增加。当饲料中混合 0.3%叶黄素不变的情况下，混合 0.1%、0.3%浓度磷脂或混合 0.3%浓度维生素 E 和对照组均不可使肌肉中的类胡萝卜素含量增加；混合 0.1%浓度维生素 E 和对照组相比存在显著差异（$P<0.05$），可使肌肉中的类胡萝卜素含量增加。当饲料中混合 0.3%叶黄素不变的情况下，混合 0.1%、0.3%浓度磷脂或混合 0.1%、0.3%浓度维生素 E 和对照组均不可使肌肉中的类胡萝卜素含量增加。当饲料中混合 0.1%磷脂不变的情况下，混合 0.1%、0.3%、0.5%浓度叶黄素与对照组相比存在显著差异（$P<0.05$），且不利于肌肉中的类胡萝卜素含量增加。当饲料中混合 0.3%磷脂不变的情况下，混合 0.1%、0.3%、0.5%浓度叶黄素与对照组相比没有显著差异（$P>0.05$）。当饲料中混合 0.1%维生素 E 不变的情况下，混合 0.3%、0.5%浓度叶黄素与对照组相比没有显著差异（$P>0.05$），而混合 0.1%浓度叶黄素不利于肌肉中的类胡萝卜素含量增加。当饲料中混合 0.3%维生素 E 不变的情况下，混合 0.1%、0.3%、0.5%浓度叶黄素与对照组相比没有显著差异（$P>0.05$），对肌肉中的类胡萝卜素含量不起作用。

由上述分析可见，在饲料中添加 0.3%叶黄素和 0.1%维生素 E 可使肝胰脏和肌肉中的类胡萝卜素含量显著增加。

2. 叶黄素混合物对血鹦鹉鱼体色指标的影响

用 0.1%、0.3%、0.5%浓度的叶黄素分别与 0.1%、0.3%浓度的磷脂或 0.1%、0.3%维生素 E 进行混合投喂，得到的亮度、红度、黄度数据用 SPSS 软件分析，结果见表 4-18。

表 4-18　叶黄素混合物对血鹦鹉鱼着色指标的影响

处理	L*（亮度）	a*（红度）	b*（黄度）
空白	46.05 ± 0.45^c	-0.19 ± 0.32^d	-0.05 ± 0.31^a
$A_1 a_1$	48.18 ± 0.55^e	-1.66 ± 0.52^b	3.41 ± 1.03^{cd}
$A_1 a_2$	44.42 ± 0.30^a	-0.59 ± 1.56^{cd}	4.80 ± 2.84^e
$A_1 b_1$	47.44 ± 0.32^d	-1.03 ± 0.88^b	3.23 ± 0.98^d
$A_1 b_2$	44.93 ± 0.08^{ab}	-1.21 ± 0.34^{bc}	3.04 ± 1.99^{cd}
$A_2 a_1$	$46.71 \pm 0.43b^{cd}$	-1.04 ± 0.03^b	1.37 ± 0.35^{bc}
$A_2 a_2$	45.97 ± 0.00^{bc}	-1.29 ± 0.10^{bc}	2.55 ± 0.14^c
$A_2 b_1$	45.75 ± 0.65^b	-0.83 ± 0.25^c	3.77 ± 0.39^d
$A_2 b_2$	46.72 ± 0.06^{cd}	-1.16 ± 0.40^{bc}	2.70 ± 1.04^c
$A_3 a_1$	46.95 ± 0.10^{cd}	-2.05 ± 0.53^a	3.52 ± 0.27^d
$A_3 a_2$	47.12 ± 0.60^d	-1.57 ± 0.31^{bc}	1.89 ± 0.15^{bc}
$A_3 b_1$	46.60 ± 0.79^c	-1.34 ± 0.31^{bc}	3.25 ± 1.73^d
$A_3 b_2$	45.99 ± 0.16^{bc}	-1.63 ± 0.00^b	2.44 ± 0.27^c

注：相同字母代表差异不显著（$P > 0.05$），不同字母代表差异显著（$P < 0.05$）。

由表 4-18 数据分析可知，当饲料中混合 0.1% 浓度叶黄素（A_1）不变的情况下，混合 0.3% 磷脂或 0.3% 浓度维生素 E 和对照组相比存在显著差异（$P < 0.05$），且不利于提高亮度，而混合 0.1% 磷脂或 0.1% 浓度维生素 E 与对照组相比存在显著差异（$P < 0.05$），有利于提高亮度。当饲料中混合 0.3% 浓度叶黄素（A_2）不变的情况下，混合 0.1%、0.3% 磷脂或 0.1%、0.3% 浓度维生素 E 和对照组相比无显著差异（$P > 0.05$）。当饲料中混合 0.5% 浓度叶黄素（A_3）不变的情况下，混合 0.1% 浓度磷脂或 0.1%、0.3% 浓度维生素 E 和对照组相比无显著差异（$P > 0.05$），混合 0.1% 浓度磷脂和对照组相比存在显著差异（$P < 0.05$），有利于提高亮度。当饲料中混合 0.1% 浓度磷脂（a_1）不变的情况下，混合 0.3%、0.5% 浓度叶黄素和对照组相比无显著差异（$P > 0.05$），混合 0.1% 浓度叶黄素和对照组相比有显著差异（$P < 0.05$），有利于提高亮度。当饲料中混合 0.3% 浓度磷脂（a_2）不变的情况下，混合 0.3% 浓度叶黄素和对照组相比无显著差异（$P > 0.05$），混合 0.5% 浓度叶黄素和对照组相比有显著差异（$P < 0.05$），有利于提高亮度，混合 0.1% 浓度叶黄素和对照组

相比有显著差异（$P<0.05$），不利于提高亮度。当饲料中混合 0.1%浓度维生素 E（b_1）不变的情况下，混合 0.5%浓度叶黄素和对照组相比无显著差异（$P>0.05$），混合 0.1%浓度叶黄素和对照组相比有显著差异（$P<0.05$），有利于提高亮度，混合 0.3%浓度叶黄素和对照组相比有显著差异（$P<0.05$），不利于提高亮度。当饲料中混合 0.3%浓度维生素 E（b_2）不变的情况下，混合 0.3%、0.5%浓度叶黄素和对照组相比无显著差异（$P>0.05$），混合 0.1%浓度叶黄素和对照组相比有显著差异（$P<0.05$），不有利于提高亮度。

当饲料中添加叶黄素混合物时，血鹦鹉鱼体表的红度均显著低于对照组（$P<0.05$），均不利于提高体表的红度。

当饲料中添加 0.1%浓度叶黄素不变的情况下，混合 0.1%、0.3%磷脂或 0.1%、0.3%浓度维生素 E 和对照组相比存在显著差异（$P<0.05$），都有利于提高黄度，且混合 0.3%浓度磷脂效果最好。当饲料中添加 0.3%浓度叶黄素不变的情况下，混合 0.1%、0.3%磷脂或 0.1%、0.3%浓度维生素 E 和对照组相比存在显著差异（$P<0.05$），都有利于提高黄度，且混合 0.1%浓度维生素 E 效果最好。当饲料中添加 0.5%浓度叶黄素不变的情况下，混合 0.1%、0.3%磷脂或 0.1%、0.3%浓度维生素 E 和对照组相比存在显著差异（$P<0.05$），都有利于提高黄度，且混合 0.1%浓度磷脂效果最好。当饲料中混合 0.1%浓度磷脂不变的情况下，混合 0.1%、0.3%、0.5%浓度叶黄素和对照组相比存在显著差异（$P<0.05$），都有利于提高黄度，且混合 0.5%浓度叶黄素效果最好。当饲料中混合 0.3%浓度磷脂不变的情况下，混合 0.1%、0.3%、0.5%浓度叶黄素和对照组相比存在显著差异（$P<0.05$），都有利于提高黄度，且混合 0.1%浓度叶黄素效果最好。当饲料中混合 0.1%浓度维生素 E 不变的情况下，混合 0.1%、0.3%、0.5%浓度叶黄素和对照组相比存在显著差异（$P<0.05$），都有利于提高黄度。当饲料中混合 0.3%浓度维生素 E 不变的情况下，混合 0.1%、0.3%、0.5%浓度叶黄素和对照组相比存在显著差异（$P<0.05$），都有利于提高黄度。

进而可见，当饲料中添加 0.1%叶黄素和 0.1%浓度磷脂或 0.1%维生素 E 时可显著提高血鹦鹉鱼体表的黄度和亮度。

3. 叶黄素混合物对血鹦鹉鱼抗氧化指标的影响

用 0.1%、0.3%、0.5%浓度的叶黄素分别与 0.1%、0.3%浓度的磷脂或 0.1%、0.3%浓度维生素 E 进行混合投喂，得到的有关血鹦鹉鱼抗氧化指标数据用 SPSS 软件分析，结果见表 4-19。

表 4-19 叶黄素混合物对血鹦鹉鱼肝胰脏中抗氧化指标的影响

处理	MDA	SOD	CAT
对照	0.52 ± 0.08^a	74.32 ± 1.10^b	4.58 ± 0.62^a
A_1a_1	11.78 ± 0.44^c	78.97 ± 6.47^b	7.18 ± 1.16^{abc}
A_1a_2	14.24 ± 1.85^c	89.94 ± 6.27^{bc}	1.99 ± 0.1^a
A_1b_1	0.67 ± 0.45^a	118.61 ± 3.27^d	5.98 ± 1.16^{ab}
A_1b_2	1.53 ± 0.37^{ab}	127.67 ± 1.14^d	9.94 ± 0.19^{cd}
A_2a_1	12.01 ± 2.04^c	85.84 ± 2.60^{bc}	6.72 ± 0.66^{abc}
A_2a_2	13.44 ± 0.07^c	80.95 ± 0.67^{bc}	10.68 ± 0.66^{bcd}
A_2b_1	0.42 ± 0.04^a	98.04 ± 8.87^c	18.39 ± 0.38^f
A_2b_2	1.63 ± 0.37^{ab}	89.43 ± 1.87^{bc}	15.35 ± 0.84^e
A_3a_1	4.41 ± 0.50^b	82.07 ± 4.02^{bc}	8.41 ± 0.66^{bcd}
A_3a_2	2.49 ± 0.99^{ab}	91.57 ± 5.30^{bc}	14.05 ± 0.07^e
A_3b_1	2.68 ± 0.01^a	47.20 ± 9.99^a	6.82 ± 0.26^{bc}
A_3b_2	1.63 ± 0.13^{ab}	57.39 ± 6.34^a	6.20 ± 1.10^{ab}

注：相同字母代表差异不显著（$P>0.05$），不同字母代表差异显著（$P<0.05$）。

当饲料中添加 0.1%浓度叶黄素不变的情况下，混合 0.1%、0.3%浓度维生素 E 和对照组相比没有显著差异（$P>0.05$），混合 0.1%、0.3%浓度磷脂与对照组相比存在显著差异（$P<0.05$），使 MDA 含量增加，不利于清除体内垃圾。当饲料中添加 0.3%浓度叶黄素不变的情况下，混合 0.1%、0.3%浓度维生素 E 和对照组相比没有显著差异（$P>0.05$），混合 0.1%、0.3%浓度磷脂与对照组相比存在显著差异（$P<0.05$），使 MDA 含量增加，不利于清除体内垃圾。当饲料中添加 0.5%浓度叶黄素不变的情况下，混合 0.3%磷脂或 0.1%、0.3%浓度维生素 E 和对照组相比没有显著差异（$P>0.05$），混合 0.1%浓度磷脂与对照组相比存在显著差异（$P<0.05$），使 MDA 含量增加，不利于清除体内垃圾。当饲料中添

加 0.1%浓度磷脂不变的情况下，混合 0.1%、0.3%、0.5%浓度叶黄素和对照组相比存在显著差异（$P<0.05$），使 MDA 含量增加，不利于清除体内垃圾。当饲料中添加 0.3%浓度磷脂不变的情况下，混合 0.5%浓度叶黄素和对照组相比无显著差异（$P>0.05$），混合 0.1%、0.3%浓度叶黄素和对照组相比存在显著差异（$P<0.05$），使 MDA 含量增加，不利于清除体内垃圾。当饲料中添加 0.1%浓度维生素 E 不变的情况下，混合 0.1%、0.3%、0.5%浓度叶黄素和对照组相比无显著差异（$P>0.05$）。当饲料中添加 0.3%浓度维生素 E 不变的情况下，混合 0.1%、0.3%、0.5%浓度叶黄素和对照组相比无显著差异（$P>0.05$），不会使体内垃圾增多。

当饲料中添加 0.1%浓度叶黄素不变时，混合 0.1%、0.3%浓度磷脂和对照组相比没有显著差异（$P>0.05$），混合 0.1%、0.3%浓度维生素 E 与对照组相比存在显著差异（$P<0.05$），可提高 SOD 活性，有利于清除体内垃圾。当饲料中添加 0.3%浓度叶黄素不变时，混合 0.1%、0.3%浓度磷脂或 0.3%浓度维生素 E 和对照组相比没有显著差异（$P>0.05$），混合 0.1%浓度维生素 E 与对照组相比存在显著差异（$P<0.05$），可提高 SOD 活性，有利于清除体内垃圾。当饲料中添加 0.5%浓度叶黄素不变时，混合 0.1%、0.3%浓度磷脂和对照组相比没有显著差异（$P>0.05$），混合 0.1%、0.3%浓度维生素 E 与对照组相比存在显著差异（$P<0.05$），可降低 SOD 活性，不利于清除体内垃圾。当饲料中添加 0.1%浓度磷脂不变时，混合 0.1%、0.3%、0.5%浓度叶黄素和对照组相比无显著差异（$P>0.05$）。当饲料中添加 0.3%浓度磷脂不变时，混合 0.1%、0.3%浓度叶黄素和对照组相比无显著差异（$P>0.05$）。当饲料中添加 0.1%浓度维生素 E 不变时，混合 0.1%、0.3%浓度叶黄素和对照组相比有显著差异（$P<0.05$），可提高 SOD 活性，有利于清除体内垃圾；混合 0.5%浓度叶黄素会使 SOD 含量降低，不利于清除体内垃圾。当饲料中添加 0.3%浓度维生素 E 不变时，混合 0.3%浓度叶黄素和对照组相比 SOD 值无显著差异（$P>0.05$），不会使体内垃圾增多，混合 0.1%浓度叶黄素和对照组相比 SOD 值差异显著，提高了 SOD 活性，有利于清除体内垃圾，混合 0.5%浓度叶黄素和对照组相比 SOD 值显著降低，不利清除体内垃圾。

当饲料中添加 0.1%浓度叶黄素不变时，混合 0.1%、0.3%浓度磷脂或 0.1%浓度维生素 E 和对照组相比没有显著差异（$P>0.05$），混合 0.3%浓度维生素 E 与对照组相比存在显著差异（$P<0.05$），可提高 CAT 活性，有利于清除体内垃圾。当饲料中添加 0.3%浓度叶黄素不变时，混合 0.1%浓度磷脂和对照组相比没有显著差异（$P>0.05$），混合 0.3%浓度磷脂或 0.1%、0.3%浓度维生素 E 与对照组相比存在显著差异（$P<0.05$），可提高 CAT 活性，有利于清除体内垃圾，且与 0.3%浓度维生素 E 混合效果最好。当饲料中添加 0.5%浓度叶黄素不变时，混合 0.3%维生素 E 和对照组相比无显著差异（$P>0.05$），混合 0.1%、0.3%磷脂或 0.1%浓度维生素 E 与对照组相比差异显著（$P<0.05$），可提高 CAT 活性，有利于清除体内垃圾。当饲料中添加 0.1%浓度磷脂不变时，混合 0.1%、0.3%浓度叶黄素和对照组相比无显著差异（$P>0.05$）；混合 0.5%浓度叶黄素和对照组相比有显著差异（$P<0.05$），可提高 CAT 活性，有利于清除体内垃圾。当饲料中添加 0.3%浓度磷脂不变时，混合 0.1%浓度叶黄素和对照组相比无显著差异（$P>0.05$），混合 0.3%、0.5%浓度叶黄素和对照组相比有显著差异（$P<0.05$），可提高 SOD 活性，有利于清除体内垃圾。当饲料中添加 0.1%浓度维生素 E 不变时，混合 0.1%浓度叶黄素和对照组相比无显著差异（$P>0.05$）；混合 0.3%、0.5%浓度叶黄素使 CAT 活性提高，有利于清除体内垃圾。当饲料中添加 0.3%浓度维生素 E 不变时，混合 0.5%浓度叶黄素和对照组相比 CAT 值无显著差异（$P>0.05$），混合 0.1%、0.3%浓度叶黄素和对照组相比 CAT 值有显著差异（$P<0.05$），CAT 活性增强，有利于清除体内垃圾，混合 0.3%浓度叶黄素效果最好。

综上，当饲料中添加 0.3%叶黄素和 0.1%维生素 E 或 0.3%维生素 E 时，可使 SOD、CAT 活性显著提高，MDA 含量没有显著差别，可以显著提高血鹦鹉鱼的抗氧化功能。

4. 叶黄素对血鹦鹉鱼肝功能指标的影响

用 0.1%、0.3%、0.5%浓度的叶黄素分别与 0.1%、0.3%浓度的磷脂或 0.1%、0.3%维生素 E 进行混合投喂，结果见表 4-20。饲料中添加不同浓度叶黄素混合物的大部分处理组与对照组 AST/GOT 的值相比均有显著提高（$P<0.05$），会对肝功能产生不利影响，只有 0.1%浓度叶黄素和 0.1%浓度磷脂混合或 0.5%浓度叶黄素和 0.1%浓度磷脂混合不会对肝功能产生不利影响。饲料中添加不同浓度叶黄素混合物的大部分处理组与对照组 ALT/GPT 的值相比均没有显著差异（$P>0.05$），不会对肝功能产生不利影响，只有 0.1%浓度叶黄素和 0.1%、0.3%浓度维生素 E 混合或 0.3%浓度叶黄素和 0.1%浓度磷脂混合会对肝功能产生不利影响。

进而可知，0.1%叶黄素和 0.1%磷脂混合或 0.5%叶黄素和 0.3%浓度磷脂混合会使 AST/GOT、ALT/GPT 活性保持较低水平，有利于维持血鹦鹉鱼肝功能的稳定。

表 4 - 20　叶黄素混合物对血鹦鹉鱼肝功能指标的影响

处理	谷草转氨酶（AST/GOT）	谷丙转氨酶（ALT/GPT）
对照	1.16 ± 0.12^{a}	1.15 ± 0.06^{ab}
A_1a_1	1.38 ± 0.04^{ab}	1.12 ± 0.14^{ab}
A_1a_2	2.44 ± 0.01^{ef}	1.10 ± 0^{ab}
A_1b_1	2.58 ± 0.01^{f}	2.22 ± 0.172^{de}
A_1b_2	2.51 ± 0.24^{f}	2.61 ± 0.13^{e}
A_2a_1	2.02 ± 0.01^{d}	2.03 ± 0.01^{cde}
A_2a_2	2.11 ± 0.04^{d}	1.76 ± 0.05^{bcd}
A_2b_1	2.24 ± 0.05^{de}	0.75 ± 0.08^{a}
A_2b_2	1.99 ± 0.05^{d}	1.29 ± 0.03^{bc}
A_3a_1	1.69 ± 0.07^{c}	1.73 ± 0.57^{bcd}
A_3a_2	1.41 ± 0.04^{abc}	1.62 ± 0.028^{bcd}
A_3b_1	1.54 ± 0.01^{bc}	1.43 ± 0.270^{abc}
A_3b_2	1.53 ± 0.05^{bc}	1.29 ± 0.19^{ab}

注：相同字母代表差异不显著（$P>0.05$），不同字母代表差异显著（$P<0.05$）。

（四）结论

对着色指标的影响：当饲料中添加 0.1%浓度的叶黄素和 0.1%浓度磷脂或 0.1%浓度维生素 E 时更有利于提高亮度和黄度，添加叶黄素混合物对红度起抑制作用，不利于红度提高。

对抗氧化指标的影响：当饲料中添加 0.3% 浓度的叶黄素和 0.1% 浓度维生素 E 或 0.3% 浓度维生素 E 时，MDA 含量略低于对照组，而 SOD、CAT 的活性均显著提高，有利于清除血鹦鹉鱼体内垃圾。

对肝功能指标的影响：当饲料中添加 0.1% 浓度的叶黄素和 0.1% 浓度磷脂时，AST/GOT、ALT/GPT 活性低于其他组，有利于保护血鹦鹉鱼的肝功能。

三、虾青素混合物对血鹦鹉鱼着色和生化指标的影响

（一）实验材料与方法

1. 实验用鱼

540 尾 1 龄、外观正常、体质健壮、无病害的血鹦鹉鱼［体质量为（8.23±0.52）g］取自天津市里自古农场，分别放在蓝色长方形塑料箱中，每箱 60 尾。暂养 3d，使其适应实验环境，减少应激反应。暂养期间水温为 28～32℃。实验时间为 30d，为了减少实验期内鱼类排泄物对实验的影响，实验前停食 1d。在相同条件下养殖。

2. 实验药物

虾青素（添加含量为 1%，郑州华仁医药有限公司生产），磷脂（添加含量为 0.3%，北京源华美磷脂科技有限公司生产），维生素 E（添加含量为 0.3%，郑州四阳化工产品有限公司生产），0.9% 生理盐水，无水乙醇，50% 冰醋酸，冰乙酸等。

3. 实验仪器

756 型紫外分光光度计：北京瑞利分析仪器公司生产。

TGL-5-A 型低速台式大容量离心机：上海安亭科学仪器厂生产。

WH-2 型微型旋涡混合仪：上海沪西分析仪器厂生产。

电热恒温水浴箱：天津华北实验机械厂生产。

AE240s 型电子分析天平：上海酶特勒-托利多仪器有限公司生产。

HD-7 型可调自动匀浆器：江苏科贸技术仪器公司生产。

4. 实验试剂

超氧化物歧化酶、丙二醛、谷草转氨酶、谷丙转氨酶、过氧化氢酶测定试剂盒，均购自南京建成生物工程研究所。

5. 实验方法

按照饲料中所添加的载体不同，实验设 3 组，分别为 A、B、C 三组，每组设立 3 个平行，分别放在蓝色塑料箱（70cm×50cm×50cm）中，每箱 60 尾，实际水体积为 120L。其中：D 代表虾青素（D_2 表示添加 1% 的虾青素），a 代表维生素 E（a_2 表示添加 0.3% 的维生素 E），b 代表磷脂（b_2 表示添加 0.3% 的磷脂）。A 组代表添加 1% 虾青素 + 0.3% 维生素 E（$D_2 a_2$），B 组代表添加 1% 虾青素 + 0.3% 磷脂（$D_2 b_2$），C 组代表对照组，用的是未添加任何色素和载体的原始饲料。模拟实际养殖条件下换水量，每天换水两次，每次换水量为实际水体积的 1/4，水温保持在（30±2）℃。每日投喂三次，日投饵量为体质量的 4%～7%。实验时间为 30d，每天观察并记录鱼的摄食、残饵及死亡情况。实验用水为前一天曝气后的自来水。

6. 血清的制备

实验结束后，每箱随机抽取 10 尾采血，采用尾部静脉抽血，4 500r/min、4℃离心 30min，取血清备用。

7. 组织匀浆的制备

取 200mg 左右肝胰脏在冰冷的生理盐水中漂洗，除去血液，用滤纸拭干，用移液器加入 9 倍于组织块质量的预冷匀浆介质（0.86% 的生理盐水），在匀浆器中进行匀浆，用匀浆管在冰水中匀浆 15min，4 500r/min、4℃离心 15min，取上清液备用。

8. 样品测定的指标

本实验共测定 7 个指标，其中抗氧化指标为 SOD、CAT 以及 MDA，血清中生化指标为 ALT 和 AST，着色指标为类胡萝卜素含量及体色。

（二）数据统计

实验数据用 Excel 进行常规处理后，利用 SPSS13.0 软件进行方差分析。本实验所有数据均以平均值±标准误（$\bar{x}$ ±SE）表示。

（三）结果与分析

1. 虾青素混合物对血鹦鹉鱼抗氧化能力的影响

向饲料中分别添加虾青素、维生素 E 和磷脂组合形成 A（1% 虾青素 + 0.3% 维生素 E）、B（1% 虾青素 + 0.3% 磷脂）、C（为对照组，未添加任何色素和载体）三组。用以上三组饲料分别投喂血鹦鹉鱼 30d，测得其肝胰脏中 SOD 值、CAT 值以及 MDA 值，见表 4-21。

表 4-21　虾青素混合物对血鹦鹉鱼肝胰脏抗氧化指标的影响

组别	SOD	CAT	MDA
A	215.39±8.18[a]	253.55±8.30[a]	24.29±1.15[a]
B	113.68±8.46[b]	144.48±7.52[b]	47.5±7.94[b]
C	159.87±1.61[c]	108.95±5.71[c]	24.87±0.77[a]

注：组织匀浆中 SOD 活力单位为 U/mg，CAT 活力单位为 U/mg，MDA 含量单位为 nmol/mg。同一组织中含有不同字母的表示差异性显著（$P<0.05$）。

表 4-21 表明，A 组 SOD 活力显著高于 B、C 两组（$P<0.05$），C 组 SOD 活力显著高于 B 组（$P<0.05$），A、B、C 三组 SOD 活力存在显著差异（$P<0.05$），说明饲料中添加维生素 E 对血鹦鹉鱼的 SOD 活力存在一定影响。A、B、C 三组 CAT 活力存在显著差异（$P<0.05$），其中，最大值出现在 A 组，显著高于 B、C 两组（$P<0.05$），B 组 CAT 活力显著高于 C 组（$P<0.05$）。A 组和 C 组 MDA 含量显著低于 B 组（$P<0.05$），A 组和 C 组 MDA 含量无显著差异（$P>0.05$）。

综上所述，A 组血鹦鹉鱼肝胰脏中 SOD 活力、CAT 活力升高，MDA 含量降低，因此，A 组的抗氧化能力最好，即饲料中添加虾青素与维生素 E 可以起到很好的抗氧化作用。

2. 虾青素混合物对血清中 ALT、AST 的影响

按 1% 虾青素分别与 0.3% 维生素 E 和 0.3% 磷脂组合形成虾青素混合物饲料 A、B 组，C 组为未添加任何着色剂与载体的对照组，分别投喂血鹦鹉鱼 30d，测得其 ALT、AST 值，见表 4-22。

表 4-22　虾青素混合物对血鹦鹉鱼血清中的 ALT、AST 指标的影响

组别	ALT（U/L）	AST（U/L）
A	2.43±0.02[a]	1.51±0.08[a]
B	2.46±0.05[a]	1.55±0.30[a]
C	2.61±0.09[b]	1.86±0.29[b]

注：不同上标字母表示差异显著（$P<0.05$）。

从表4-22中可以看出，A、B、C三组血清中 ALT 活力由低到高依次为：A组、B组、C组，C组与A、B两组存在显著差异（$P<0.05$），A、B两组差异不大。

由表4-22可见，A、B、C三组血清中 AST 活力由高到低依次为 C组、B组、A组，其中C组血清中 AST 活力显著高于 A组（$P<0.05$），C组血清中 AST 活力显著高于 B组（$P<0.05$），A组和B组血清中 AST 活力无显著差异（$P>0.05$）。

3. 虾青素混合物对血鹦鹉鱼着色效果的影响

（1）**虾青素混合物对血鹦鹉鱼类胡萝卜素含量的影响**　饲料中添加1%虾青素和0.3%维生素 E 作为 A组，添加1%虾青素和0.3%磷脂作为B组，未添加任何色素和载体的原始饲料作为 C组，投喂血鹦鹉鱼 30d，测得其肝胰脏、肌肉和皮肤中的类胡萝卜素含量，结果见表4-23。

表4-23　虾青素混合物对血鹦鹉鱼类胡萝卜素含量的影响

组别	肝胰脏	肌肉	皮肤
A	111.11±0.85[a]	107.37±1.05[a]	109.81±0.89[a]
B	110.48±0.55[a]	107.40±0.50[a]	109.14±0.81[a]
C	81.09±1.15[b]	79.55±0.67[b]	79.64±0.54[b]

注：不同上标字母表示差异显著（$P<0.05$）。

由表4-23可知，肝胰脏中类胡萝卜素含量为 C组显著低于 A组和 B组（$P<0.05$），A组和 B组无显著差异（$P>0.05$）；肌肉中类胡萝卜素含量为 C组最低，显著低于 A组和 B组（$P<0.05$），A组和 B组变化不大；皮肤中类胡萝卜素含量为 A组>B组>C组，A、B 两组显著高于 C组（$P<0.05$），A组和 B组无显著差异（$P>0.05$）。由此可以看出，三种组织中 A组和 B组的类胡萝卜素含量均显著高于对照组（$P<0.05$），说明添加了虾青素的饲料对血鹦鹉鱼的着色有很好的效果。三种组织着色效果比较，肝胰脏>皮肤>肌肉，说明肌肉相比其他两种组织更不易着色，肝胰脏最容易着色。

（2）**虾青素混合物对血鹦鹉鱼体表色素的影响**　按1%虾青素分别与0.3%维生素 E 和0.3%磷脂组合形成虾青素混合物 A、B组，C组为对照组，投喂血鹦鹉鱼 30d，测得血鹦鹉鱼体色指标，见表 4‐24。测量血鹦鹉鱼体表色素的含量要用到色差仪，其颜色的改变情况以 L*、a*、b* 来表示。其中，L* 代表的是亮度；＋a* 代表偏红，－a* 代表偏绿；＋b* 代表偏黄，－b* 代表偏蓝。测定各组实验鱼体表 L*、a*、b* 值时，先用吸水纸将鱼体表面的水分吸干，再将色差计的探头紧贴于实验鱼体表红斑处，记录结果。

表 4‐24　虾青素混合物对血鹦鹉鱼体色的影响

组别	L*	a*	b*
A	68.74±1.4[a]	3.58±0.24[a]	6.99±1.78[a]
B	50.96±1.38[b]	5.51±0.51[a]	8.95±1.47[b]
C	60.00±0.79[c]	−8.55±1.33[b]	4.12±0.09[c]

注：不同上标字母表示差异显著。

由表 4‐24 可见，血鹦鹉鱼体表的 L* 值在 A 组、B 组和 C 组三组间存在显著差异（$P<0.05$），其中 A 组显著高于 B 组和 C 组（$P<0.05$），C 组显著高于 B 组（$P<0.05$）；血鹦鹉鱼体表的 a* 最大值出现在 A 组，C 组显著低于 A 组和 B 组（$P<0.05$），A 组和 B 组差异不显著（$P>0.05$）；血鹦鹉鱼体表的 b* 值在 A 组、B 组和 C 组三组存在显著差异（$P<0.05$），其中 B 组显著高于 A 组和 C 组（$P<0.05$），A 组显著高于 C 组（$P<0.05$）。由此可知，虾青素与维生素 E 组合形成的虾青素混合物能够使血鹦鹉鱼显著变红，着色效果好。

（四）结论

虾青素与维生素 E 载体组合形成的混合物对血鹦鹉鱼有较强的抗氧化作用。虾青素与维生素 E 和磷脂这两种载体组成的混合物对血鹦鹉鱼的肝脏具有一定的保护作用。虾青素与维生素 E 组合形成的混合物对血鹦鹉鱼的着色效果较好。

四、加丽红混合物对血鹦鹉鱼着色与生化指标的影响

（一）实验材料与方法

1. 实验用鱼

实验鱼为血鹦鹉鱼，均为 1 龄。外观正常，体质健壮，无病害，体长

（8.38±1.00）cm，体质量（18.10±1.80）g，共540尾。为了减少实验期内鱼类排泄物对实验的影响，实验前停食1d。实验鱼在相同条件下养殖。

2. 实验药物

加丽红（广东汤臣倍健生物科技股份有限公司生产）、磷脂（上海津琪食品有限公司生产）、维生素E（嘉兴艻园生技食品有限公司生产）。

3. 实验仪器

756型紫外分光光度计：北京瑞利分析仪器公司生产。

TGL-5-A型低速台式大容量离心机：上海安亭科学仪器厂生产。

WH-2型微型旋涡混合仪：上海沪西分析仪器厂生产。

电热恒温水浴箱：天津华北实验机械厂生产。

AE240s型电子分析天平：上海酶特勒-托利多仪器有限公司生产。

HD-7型可调自动匀浆器：江苏科贸技术仪器公司生产。

4. 实验试剂

超氧化物歧化酶（SOD）、丙二醛（MDA）、过氧化氢酶（CAT）、谷草转氨酶（AST/GOT）、丙氨酸转氨酶（ALT/GPT）、类胡萝卜素测定试剂盒由南京建成生物工程研究所生产。总蛋白测定试剂盒由中生北控生物科技有限公司生产。

其他试剂：0.86%生理盐水、无水乙醇、50%冰醋酸、冰乙酸等。

5. 实验方法

按照投喂组合的不同，实验设3组，分别为对照组（A）、0.7%加丽红与0.3%维生素E组（B）、0.7%加丽红与0.3%磷脂组（C）。每组做3个重复，分别放在蓝色水族箱（70cm×50cm×50cm）中，每箱60尾，实际水体积为120L。模拟实际养殖条件下换水量，每天换水2次，每次换水量为实际水体积的3/4，水温保持（29±1）℃。每日投喂3次，日投饵量为鱼体质量的4%～7%。实验时间为30d，每天观察并记录鱼的摄食、残饵及死亡情况。实验用水为前一天曝气后的自来水。

6. 血清的制备

实验结束后，每箱随机抽取10尾采血，采用尾部静脉抽血，4 500r/min、4℃离心30min，取血清备用。

7. 组织匀浆的制备

每箱随机抽取 10 尾取下组织，取 200mg 左右的组织块在冰冷的生理盐水中漂洗，除去血液，用滤纸拭干，用移液器加入 9 倍于组织块质量的预冷匀浆介质（0.86% 的生理盐水），在匀浆器中进行匀浆，用匀浆管在冰水中匀浆 15min，4 500r/min、4℃离心 15min，取上清液备用。

8. 着色指标的测定

用便携式色差仪（型号：HP-2132）分别测量实验前后的血鹦鹉鱼皮肤的亮度（L*）、红度（a*）、黄度（b*），每箱随机抽取 10 尾。测量前擦干鱼体表面附着的水，用仪器测量鱼体的背部得出数据。

9. 生长指标的测定

分别测量实验前后的血鹦鹉鱼的体质量、体长，测量前擦干鱼体表面附着的水，用湿布包裹鱼体头部，将其放置于电子秤上。读数保留小数点后两位。

10. 实验的测定试剂盒

超氧化物歧化酶（SOD）测定试剂盒由南京建成生物工程研究所生产。

丙二醛（MDA）测定试剂盒由南京建成生物工程研究所生产。

过氧化氢酶（CAT）测定试剂盒由南京建成生物工程研究所生产。

天门冬氨酸氨基转氨酶（AST）测定试剂盒由南京建成生物工程研究所生产。

丙氨酸转氨酶（ALT）测定试剂盒由南京建成生物工程研究所生产。

蛋白质测定试剂盒由南京建成生物工程研究所生产。

类胡萝卜素测定试剂盒由南京建成生物工程研究所生产。

（二）数据处理与统计分析

所有数据均用 Excel 2003 及 SPSS 13.0 分析处理。

（三）结果与分析

1. 加丽红混合物对血鹦鹉鱼着色指标的影响

实验分为对照组（A）、0.7% 加丽红与 0.3% 维生素 E 组（B）、0.7% 加丽红与 0.3% 磷脂组（C）。用色差分析仪测量血鹦鹉鱼皮肤的亮度（L*）、红度（a*）、黄度（b*），同时分别在肝胰脏、皮肤、肌肉中测量类胡萝卜素含量。根据 SPSS 统计分析，结果见表 4-25。

表 4 - 25　血鹦鹉鱼着色指标

组别	L*	a*	b*	肝胰脏	皮肤	肌肉
A	60.00±0.79ᵃ	−8.55±1.33ᵃ	4.12±0.09ᵃ	111.8±1.38ᵃ	118.52±2.74ᵃ	114.24±0.76ᵃ
B	68.93±1.2ᵇ	−6.19±1.38ᵇ	7.74±0.68ᵃ	113.36±0.1ᵃ	112.84±0.44ᵃ	112.89±0.47ᵃ
C	60.83±0.13ᵃ	−8.12±0.25ᵃ	5.45±1.01ᵃ	117.09±0.03ᵃ	110.93±1.77ᵃ	110.17±0.36ᵃ

注：同一列数据右上角的不同字母表示差异显著（$P<0.05$），相同字母表示差异不显著（$P>0.05$）。

从表 4 - 25 可以看出，三种投喂组合对血鹦鹉鱼着色有一定差异。B组显著高于其他组，A 组与 C 组之间无显著差异，但是 C 组亮度更亮；三组的红度差异表现为 B 组显著高于其他组，A 组与 C 组差异不显著，但是 C 组相比 A 组偏红；三组的黄度差异不显著，B 组＞C 组＞A 组。肝胰脏中三组类胡萝卜素含量差异不显著（$P>0.05$）。三组相比，C 组类胡萝卜素含量最高，其次是 B 组和 A 组。三组的肌肉中类胡萝卜素含量差异不显著（$P>0.05$），A 组＞B 组＞C 组。三组的皮肤中类胡萝卜素含量差异不显著（$P>0.05$），A 组＞B 组＞C 组。

2. 加丽红混合物对血鹦鹉鱼抗氧化指标的影响

实验分为对照组（A）、0.7%加丽红与 0.3%维生素 E 组（B）、0.7%加丽红与 0.3%磷脂组（C）。SPSS 分析结果见表 4 - 26。

表 4 - 26　血鹦鹉鱼肝胰脏中抗氧化指标活性

组别	SOD	MDA	CAT
A	68.52±0.56ᵃ	173.91±3.53ᵃ	100.32±2.53ᵃ
B	116.47±1.56ᵇ	96.46±4.76ᵇ	165.36±3.76ᵇ
C	70.41±0.76ᵃ	159.81±2.23ᵃ	98.81±2.36ᵃ

注：同一列数据右上角的不同字母表示差异显著（$P<0.05$），相同字母表示差异不显著（$P>0.05$），

表 4 - 26 表明，肝胰脏中 SOD 活力方面，B 组显著高于其他组（$P<0.05$），C 组与 A 组之间差异不显著，但是 C 组高于 A 组。肝胰脏中 MDA 含量方面，B 组显著低于其他组（$P<0.05$），A 组与 C 组之间差异不显著，A 组＞C 组。肝胰脏中 CAT 活力方面，B 组显著高于其他组（$P<0.05$），A 组与 C 组之间差异不显著，A 组＞C 组。

3. 加丽红混合物对血鹦鹉鱼肝功能指标的影响

实验分为对照组（A）、0.7%加丽红与0.3%维生素E组（B）、0.7%加丽红与0.3%磷脂组（C）。SPSS分析结果见表4-27。

表4-27 血鹦鹉鱼血清中AST/GOT和ALT/GPT含量

组别	AST/GOT	ALT/GPT
A	1.14 ± 0.17^a	1.77 ± 0.37^a
B	1.9 ± 0.37^a	1.99 ± 0.51^a
C	2.13 ± 0.37^a	2.55 ± 0.04^a

注：同一列数据右上角的不同字母表示差异显著（$P<0.05$），相同字母表示差异不显著（$P>0.05$）。

表4-27表明，三组的血清中AST/GOT之间差异不显著（$P>0.05$），C组最高，B组其次，A组最低。三组的血清中ALT/GPT之间差异不显著（$P>0.05$），C组最高，B组其次，A组最低。

（四）结论

本实验通过用三种不同组合饲料对血鹦鹉鱼进行投喂，即对照组（A）、0.7%加丽红与0.3%维生素E组（B）、0.7%加丽红与0.3%磷脂组（C），饲喂30d。研究结果表明，B组有利于提高血鹦鹉鱼抗氧化功能；三组对于血鹦鹉鱼肝功能没有显著影响（$P>0.05$）。

综合考虑，0.7%加丽红与0.3%维生素E条件下喂养血鹦鹉鱼效果较理想。

五、牛磺胆酸钠对血鹦鹉鱼着色效果的影响

以血鹦鹉鱼为研究对象，探讨饲料中添加牛磺胆酸钠能否促进血鹦鹉鱼对虾青素的吸收以及不同添加量的牛磺胆酸钠对血鹦鹉鱼皮肤和尾鳍着色的影响。结果发现，用含400mg/kg虾青素和不同量牛磺胆酸钠的饲料喂养血鹦鹉鱼，30d时类胡萝卜素含量随牛磺胆酸钠含量增加而增加；牛磺胆酸钠添加量为1 200mg/kg时，养至45d，血鹦鹉鱼的皮肤和尾鳍中总类胡萝卜素含量最高（$P<0.05$）；添加量为2 000mg/kg，血鹦鹉鱼的皮肤和尾鳍中总类胡萝卜素含量不是最高；总类胡萝卜素含量并不是随牛磺胆酸钠含量升高而一直升高（彩图36、图4-2）。

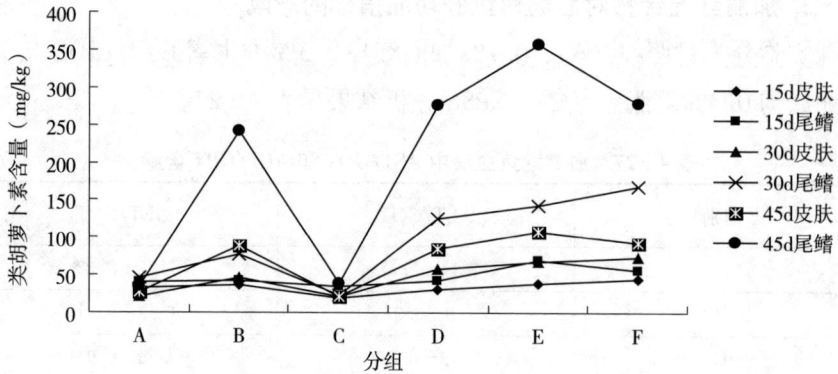

图4-2 牛磺胆酸钠对血鹦鹉鱼皮肤、尾鳍中类胡萝卜素含量的影响

A组. 基础饲料组 B组. 基础饲料中只添加 400mg/kg 虾青素

C组. 基础饲料中只添加 600mg/kg 牛磺胆酸钠

D组. 基础饲料中添加 400mg/kg 牛磺胆酸钠和 400mg/kg 虾青素

E组. 基础饲料中添加 1 200mg/kg 牛磺胆酸钠和 400mg/kg 虾青素

F组. 基础饲料中添加 2 000mg/kg 牛磺胆酸钠和 400mg/kg 虾青素

另有研究表明，在虾青素含量为 400mg/kg 的饲料中添加牛磺胆酸钠喂养血鹦鹉鱼，60d 时牛磺胆酸钠添加量为 1 400~1 600mg/kg 的组血鹦鹉鱼皮肤和尾鳍中总类胡萝卜素含量最高，均与其他组之间有显著性差异（$P<0.05$），说明在虾青素含量为 400mg/kg 的饲料中添加牛磺胆酸钠量为 1 400~1 600mg/kg 时，着色效果最好（图4-3）。

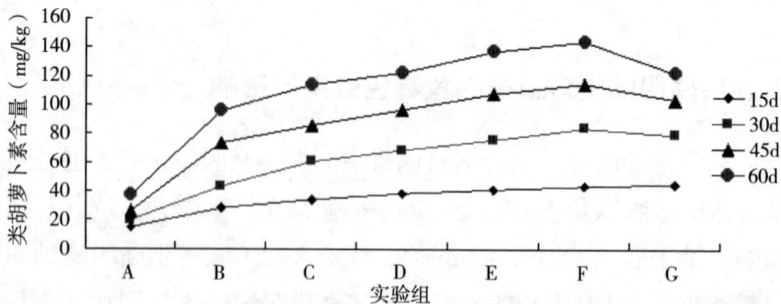

图4-3 不同添加水平牛磺胆酸钠对血鹦鹉鱼皮肤中类胡萝卜素含量的影响

A组. 基础饲料组 B组. 基础饲料+0.4%虾青素 C组. 基础饲料+0.4%虾青素+1 000mg/kg 牛磺胆酸钠 D组. 基础饲料+0.4%虾青素+1 200mg/kg 牛磺胆酸钠 E组. 基础饲料+0.4%虾青素+1 400mg/kg 牛磺胆酸钠 F组. 基础饲料+0.4%虾青素+1 600mg/kg 牛磺胆酸钠 G组. 基础饲料+0.4%虾青素+1 800mg/kg 牛磺胆酸钠

六、苜蓿皂苷对血鹦鹉鱼着色效果的影响

(一)血鹦鹉鱼亲本橘色双冠丽鱼胚后色素细胞发育与体色变化

采用显微镜对橘色双冠丽鱼早期发育过程中体色和色素细胞的分布及形态变化进行连续观察。结果显示,在水温为(27±1)℃、pH 8.3条件下,仔鱼期(彩图37):初孵仔鱼体表已具有黑色素,2日龄黑色素增加,眼窝变黑,未有视觉功能;3日龄卵黄囊尚未吸收完毕,黑色素细胞分支,形态多样;4日龄仔鱼有视觉功能,能自行游动;5日龄仔鱼开口,卵黄囊明显变小;7日龄仔鱼出现虹彩细胞;10日龄仔鱼体表出现黄色素细胞;12日龄各鳍被成鱼鳍膜所取代,黑色素细胞、黄色素细胞继续增多,视觉看到鱼体变黑。稚鱼期:19日龄有鳞片产生,各鳍条发育完全;30日龄出现红色素细胞。幼鱼期:35日龄幼鱼体表为黑色,初步形成7条色素带,全身布满鳞片;65日龄鱼体部分黑色素开始褪去;85日龄黑色素全部褪去,鱼体变为亮黄色(彩图37)。

(二)苜蓿皂苷促进虾青素对血鹦鹉鱼着色效果的研究

本实验选取苜蓿皂苷作为着色饲料添加剂,检验其影响血鹦鹉鱼对虾青素吸收和沉积的效果。540尾血鹦鹉鱼随机分成6个处理组,每个处理组3个重复。处理组6个:空白组(A);仅添加0.3%虾青素组(B);三个分别添加苜蓿皂苷(C,0.3%;D,0.6%;E,10.2%)和0.3%虾青素组;仅添加0.3%苜蓿皂苷组(F)。在20d、40d、60d和80d,每组取18尾鱼测定各指标。实验结束后,C、D、E组中,血鹦鹉鱼鳞片、皮肤和尾鳍中类胡萝卜素含量显著高于B组($P<0.05$),身体和尾鳍的红度显著高于B组,而亮度显著低于B组;鱼体内胆固醇和甘油三酯的含量显著低于B组,而游离脂肪酸含量和溶菌酶活性相比B组显著提高。这表明饲料中添加一定量的苜蓿皂苷可以显著提高血鹦鹉鱼对虾青素的吸收利用率,增强虾青素在鱼体内的沉积,促进鱼体健康生长(图4-4、图4-5)。

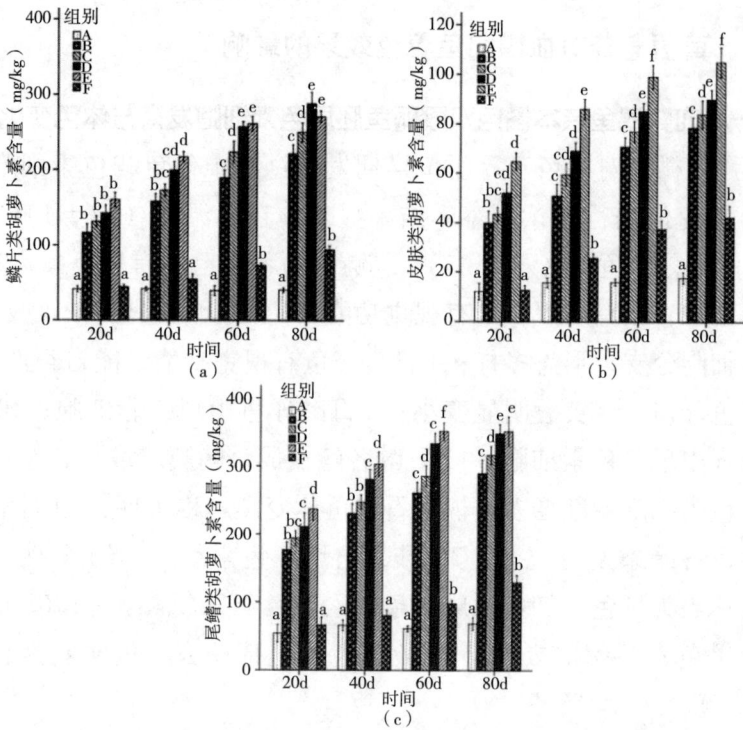

图 4-4　不同处理组的鳞片（a）、皮肤（b）和尾鳍（c）中类胡萝卜素含量
不同字母表示差异显著。

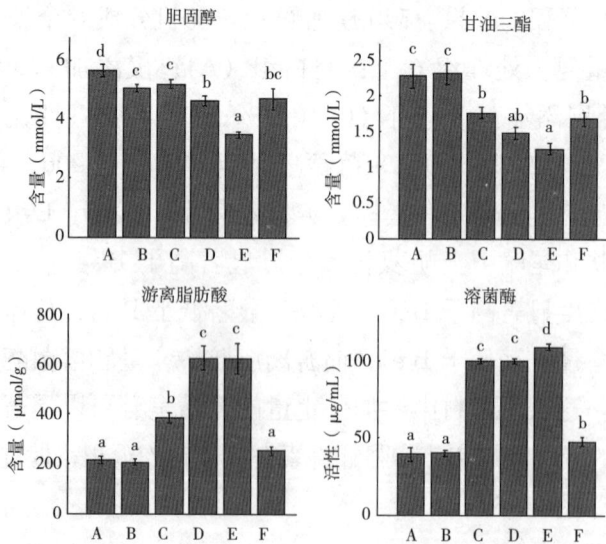

图 4-5　苜蓿皂苷对胆固醇、甘油三酯、游离脂肪酸和溶菌酶的影响
不同字母表示差异显著。

（三）血鹦鹉鱼饲料中苜蓿皂苷对虾青素的节约作用研究

为探索血鹦鹉鱼饲料中添加苜蓿皂苷对虾青素的节约作用，本研究以初始体质量为（9.66±1.36）g 的血鹦鹉鱼为研究对象，评价在含有 1% 苜蓿皂苷的饲料中添加不同虾青素浓度（0、0.2%、0.3% 和 0.4%）的 A、B、C 和 D 组与仅添加 0.5% 虾青素的 E 组对血鹦鹉鱼鳞片、尾鳍和皮肤中类胡萝卜素含量的影响。结果表明：①在饲料中添加 1% 苜蓿皂苷能够节约虾青素，提高血鹦鹉鱼对虾青素的沉积效率；②橘色双冠丽鱼胚后体色变化过程为增黑→褪黑→变黄，血鹦鹉鱼体色变化过程主要遗传于其亲本；③在含有 0.3% 虾青素的饲料中添加 1% 苜蓿皂苷能显著提高血鹦鹉鱼对虾青素的吸收效果；④在饲料中同时添加 1% 的苜蓿皂苷和 0.4% 的虾青素与仅添加 0.5% 虾青素的实验组相比，没有显著性差异，说明添加苜蓿皂苷可以节约虾青素的用量。

七、竹青素对血鹦鹉鱼着色效果的影响

在含虾青素饲料中按不同比例添加竹青素，检验其在鱼类着色增效及脂质代谢中的作用，结果表明在含 300mg/kg 虾青素的饲料中添加一定量（200~800mg/kg）的竹青素后，游离脂肪酸、溶菌酶指标显著高于对照组，虾青素吸收转化率显著提高（图 4-6、图 4-7）。

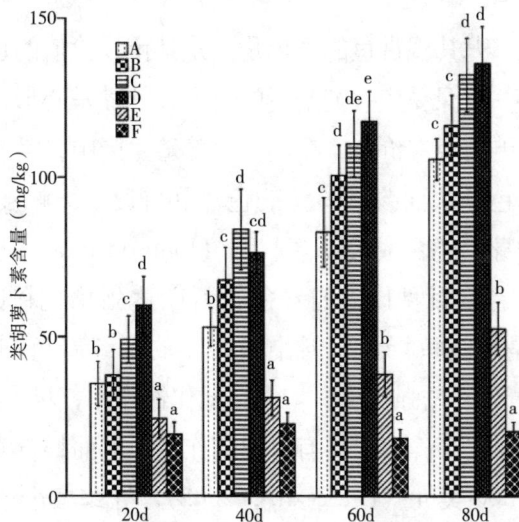

图 4-6　添加竹青素后皮肤中类胡萝卜素含量

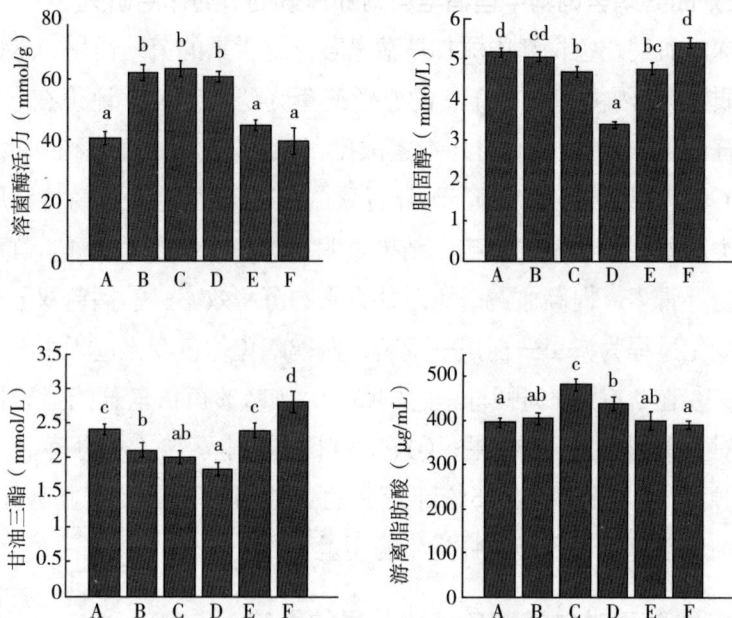

图 4-7　添加竹青素后各项免疫指标变化情况

第四节　苜蓿皂苷促进血鹦鹉鱼对虾青素的吸收及其最适添加水平

　　鱼类的体色，尤其观赏鱼的体色是决定其市场价值的重要指标。血鹦鹉鱼自问世至今一直深受广大消费者的喜爱，其嘴呈心形，与双亲体型差异较大，比双亲更具观赏价值。在观赏鱼养殖生产中，常利用完全褪黑的血鹦鹉鱼进行扬色，从而改善鱼体的色泽和纯度，大幅度提高其市场价值。因为鱼类自身不能合成类胡萝卜素 (Johnson et al.，1991)，必须通过外界摄取含一定类胡萝卜素的着色饲料以达到增色目的 (李小慧等，2008)。虾青素是观赏鱼增色饲料中最常见的增红着色剂 (Miao et al.，2006)，它具有着色、增强免疫、增强抗氧化性作用，可提高动物成活率、促进生长发育，在水产养殖中具有重要的作用。然而虾青素价格高昂，国际市场价高达 2 500 美元 (Lee et al.，2002)，导致增色饲料价格居高不下，但目前鱼类对于虾青素的消化利用率又较低，因此提高虾青素的消化利用率、节约虾青素用量是解决这一问题的关键。

影响鱼类着色效果的因素有很多，如鱼类的种类、年龄、体质量和生理生长阶段等自身因素，以及光照、水温、投饲率等外部因素都会影响类胡萝卜素的吸收和利用（Wang et al.，2008），虾青素被吸收、沉积和代谢转化的效率决定其对鱼体的着色程度。类胡萝卜素被吸收后再经过一系列复杂的变化，通过与血浆中脂蛋白结合方式进入血液中（Tourniaire et al.，2009），并通过相应的载体运输到靶组织（Sammar et al.，2005）。此外，虾青素化学性质不稳定，具有强抗氧化作用（高玉云等，2010），本身极易被氧化。因此，本研究一方面通过虾青素的脂质代谢途径，增加其被吸收和沉积的效率，如在饲料中添加脂质代谢调节剂；另一方面防止沉积过程中的类胡萝卜素被氧化代谢掉，如在饲料中添加一定量的抗氧化剂等，以提高虾青素的利用率。

目前着色饲料增效相关报道尚不多见，如添加适量脂肪（Torrissen et al.，1990）、维生素（刘金海等，2005）和牛黄胆酸钠（Yang et al.，2012）等可有效提高类胡萝卜素的利用率。但这些方法也存在不足，如脂肪添加易导致饲料腐败、维生素易被氧化、牛黄胆酸钠不易于分离提取等，因此寻求一种绿色安全环保的着色饲料增效剂将是更佳选择。苜蓿皂苷是从苜蓿中提取的一种具有独特生物学性质的活性物质，其结构为五环三萜烯类化合物，在动物生产中取得了良好的应用效果（Mölgaard et al.，1987；彭宝安等，2011）。苜蓿皂苷能清除自由基（Ilsley et al.，2005），具备药用价值（孙彦等，2013），还有促进脂质代谢（Cookson et al.，1968）和抗氧化（Yalinkilic et al.，2008）的作用。

一、材料和方法

（一）材料

实验对象为 630 尾血鹦鹉鱼，取自中国水产科学研究院珠江水产研究所观赏鱼基地，鱼体褪黑率均超过 95%，实验的基础饲料为稚鱼 0 号配合饲料，购于广东泰峰膨化饲料有限公司，并加一定比例的脂肪，使脂肪含量达到 8.6%，饲料具体的营养成分组成见表 4 - 28。添加剂虾青素纯度为 10%。苜蓿皂苷产品由河北宝恩生物技术有限公司提供，产品中苜蓿皂苷含量为 20%。实验鱼随机分成 7 组，每组三个重复，共 21 个水族缸，每个缸 30 尾鱼。实验 7 个组分别为空白对照组（A）、0.3% 虾青素对照组（B）、同时添加 0.3% 虾青素和不同浓度的苜蓿皂苷实验组（C 组 0.4%、D 组 0.6%、E 组 0.8%、F 组 1%、G 组 1.2%）。养殖用的水族缸不间断充气，水温（27±1）℃，每周换曝气水 3 次，每次换水量为全部水量的 1/3。每天上午 9：00 和下午 4：00 饲喂，每次投喂量为鱼体质量的 3%。

表 4-28　试验饲料基本营养成分（%）

成分	组别						
	A	B	C	D	E	F	G
粗蛋白质	44	44	44	44	44	44	44
粗脂肪	8.6	8.6	8.6	8.6	8.6	8.6	8.6
粗纤维	4	4	4	4	4	4	4
粗灰分	18	18	18	18	18	18	18
总磷	0.8~3	0.8~3	0.8~3	0.8~3	0.8~3	0.8~3	0.8~3
赖氨酸	2.3	2.3	2.3	2.3	2.3	2.3	2.3
含硫氨基酸	1.1	1.1	1.1	1.1	1.1	1.1	1.1
水分	12	12	12	12	12	12	12
苜蓿皂苷	0	0	0.4	0.6	0.8	1	1.2

（二）实验方法

实验取样时间为 15d、30d、45d 和 60d，共取样 4 次，每次分别取鳞片、皮肤和尾鳍用于提取类胡萝卜素。类胡萝卜素的提取和测定参考 Boonyaratpalin 等（2001）的方法。类胡萝卜素含量的计算公式如下：

$$S = (A \times K \times V) / (E \times G)$$

式中：S 为类胡萝卜素含量（mg/kg）；A 为吸光值；K 为常数（104）；V 为提取液体积（mL）；E 为吸光系数（2 500）；G 为样品重量（g）。

采用国际发光照明委员会（CIE）1976 年规定的红度（a^*）表示血鹦鹉鱼体色，其中 $-a^*$ 表示偏绿，$+a^*$ 表示偏红。使用 CR-400 型色彩色差计（柯尼卡-美能达，日本）测定各组鱼红度，色差计使用前用白板校准。

每缸随机选取 6 尾鱼，每组共取 18 尾鱼进行测定，测定部位为尾鳍和背部（即身体背鳍下方及侧线上方之间的区域）。

（三）统计分析

采用 SPSS 21.0 软件分别对血鹦鹉鱼的生长、存活率、类胡萝卜素含量和红度进行显著性分析。经单因素方差分析（One-way ANOVE）后，再进行 Duncan's 多重比较，显著性水平为 0.05，结果用平均数 ± 标准误（Mean ± SE）表示。各时期，鱼体中类胡萝卜素含量和红度值分别用 SigmaPlot 11.0 和 SPSS 21.0 作图。

二、结果

（一）不同水平的苜蓿皂苷对血鹦鹉鱼生长和死亡率的影响

整个实验周期，所有的血鹦鹉鱼均正常生长，未出现病变，所有饲料均能被鱼摄食。投喂实验饲料 60d 以后，不同含量苜蓿皂苷对鱼生长产生了显著影响（$P<0.05$），各组鱼体质量约比初期增加一倍。饲料中苜蓿皂苷水平超过 0.6% 时，其特殊生长率显著高于仅添加虾青素的对照组，1% 和 1.2% 的苜蓿皂苷水平组的鱼体表现出更好的生长性能。整个实验周期中，各组鱼健康情况均不受苜蓿皂苷添加水平的影响，死亡率均为 0（表 4-29）。

表 4-29 不同水平苜蓿皂苷对血鹦鹉鱼生长和死亡率的影响

组别	初体质量 （g）	末体质量 （g）	体质量增加 （g）	特殊生长率 （%/d）	初体长 （cm）	末体长 （cm）	死亡率 （%）
A 组	10.63±0.30	20.15±0.10[a]	9.52±0.15[a]	1.07±0.02[a]	3.92±0.06	5.82±0.07[a]	0
B 组	10.63±0.30	20.83±0.14[ab]	10.20±0.19[ab]	1.12±0.05[ab]	3.92±0.06	5.96±0.06[ab]	0
C 组	10.63±0.30	21.62±1.72[abc]	11.00±1.56[abc]	1.17±0.11[ab]	3.92±0.06	6.10±0.08[bc]	0
D 组	10.63±0.30	23.49±0.50[bcd]	12.86±0.33[cd]	1.32±0.01[bc]	3.92±0.06	6.08±0.08[abc]	0
E 组	10.63±0.30	23.20±1.31[bcd]	12.57±1.16[bcd]	1.30±0.07[bc]	3.92±0.06	6.21±0.06[bc]	0
F 组	10.63±0.30	25.20±0.60[d]	14.57±0.46[d]	1.44±0.02[c]	3.92±0.06	6.24±0.18[c]	0
G 组	10.63±0.30	23.96±0.47[cd]	13.33±0.35[cd]	1.35±0.02[c]	3.92±0.06	6.23±0.03[c]	0

注：每列平均值后的不同小写字母上标表示有显著差异（$P<0.05$）。

（二）不同水平苜蓿皂苷对血鹦鹉鱼体内类胡萝卜素含量的影响

在虾青素投喂量相同的情况下，鱼体鳞片、尾鳍和皮肤中类胡萝卜素含量随着饲料中添加苜蓿皂苷水平的增加而增加（图4-8）。60d时，饲料中苜蓿皂苷水平达到0.6%及以上时，鱼体内类胡萝卜素含量显著高于仅添加虾青素的对照组（$P<0.05$）；当饲料中苜蓿皂苷水平为1%时，鱼体鳞片、尾鳍和皮肤中类胡萝卜素含量分别达到最大值（表4-30、图4-8）。实验开始时，鳞片、尾鳍和皮肤中类胡萝卜素含量分别为85.41mg/kg、121.29mg/kg和10.88mg/kg。饲料中苜蓿皂苷水平为1%的实验组在实验结束后，鳞片、尾鳍和皮肤中类胡萝卜素含量分别增加151.67mg/kg、288.14mg/kg和53.90mg/kg（表4-30），对应分别增加了1.78倍、2.38倍和4.95倍，具体数值见表4-30。

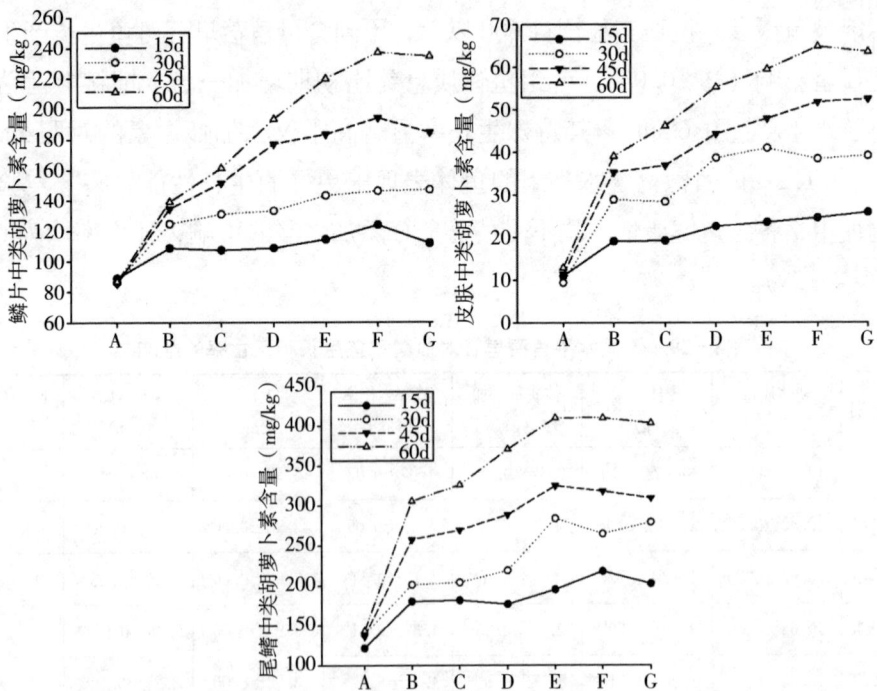

图4-8　15d、30d、45d和60d时，不同苜蓿皂苷水平对血鹦鹉鱼鳞片、皮肤和尾鳍中类胡萝卜素含量的影响

表 4 - 30　60d 时不同苜蓿皂苷水平对血鹦鹉鱼身体类胡萝卜素含量的影响

组别	鳞片初值 (mg/kg)	鳞片末值 (mg/kg)	尾鳍初值 (mg/kg)	尾鳍末值 (mg/kg)	皮肤初值 (mg/kg)	皮肤末值 (mg/kg)
A组	85.41±3.00	86.67±0.71[a]	121.29±13.52	143.00±0.07[a]	10.88±0.88	12.82±0.32[a]
B组	85.41±3.00	139.19±0.24[b]	121.29±13.52	305.33±0.43[b]	10.88±0.88	39.05±0.68[b]
C组	85.41±3.00	161.22±11.43[bc]	121.29±13.52	325.94±18.92[bc]	10.88±0.88	46.11±1.06[b]
D组	85.41±3.00	193.35±9.44[cd]	121.29±13.52	370.42±10.95[cd]	10.88±0.88	55.25±4.96[c]
E组	85.41±3.00	219.66±9.23[de]	121.29±13.52	409.22±25.09[d]	10.88±0.88	59.47±1.94[cd]
F组	85.41±3.00	237.08±15.19[e]	121.29±13.52	409.43±13.10[d]	10.88±0.88	64.78±3.07[d]
G组	85.41±3.00	234.68±16.05[e]	121.29±13.52	402.99±16.23[d]	10.88±0.88	63.54±2.96[d]

注：每列平均值后的不同小写字母上标表示有显著差异（$P<0.05$）。

（三）不同水平苜蓿皂苷对血鹦鹉鱼体表红度 a* 的影响

60d 时，尾鳍表面的红度值 a* 随着饲料中添加的苜蓿皂苷水平的增加而增加，对照组红度值为 27.58，苜蓿皂苷含量为 0.6% 时红度值为 31.59，显著高于对照组（$P<0.05$）。苜蓿皂苷含量为 0.8% 时，尾鳍红度值为 34.13，达到最大。而血鹦鹉鱼背部的红度值 a* 也随着苜蓿皂苷含量增加而增加，对照组红度值为 8.72，苜蓿皂苷水平为 0.6% 时，背部红色值为 10.35，显著高于对照组（$P<0.05$），苜蓿皂苷水平为 1% 实验组背部红度值为 12.80，达到最大值（图 4-9）。

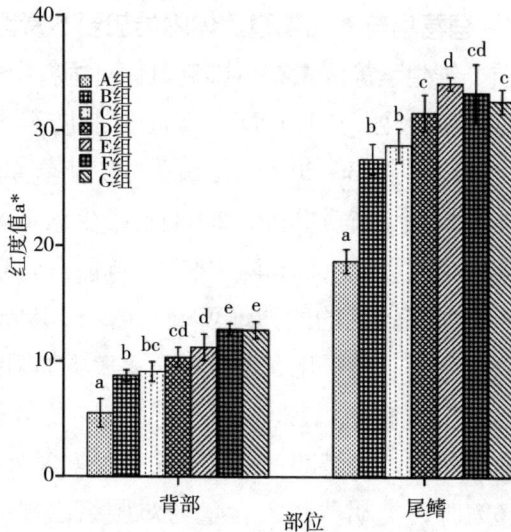

图 4 - 9　60d 时不同苜蓿皂苷水平对血鹦鹉鱼尾鳍和身体表面红度值 a* 的影响

三、讨论

(一) 添加不同水平苜蓿皂苷对血鹦鹉鱼生长指标的影响

本实验的结果表明，在含有 0.3% 虾青素的饲料中添加不同浓度的苜蓿皂苷可显著促进血鹦鹉鱼的生长，在苜蓿皂苷含量为 1% 时，血鹦鹉鱼的体质量、体长及特殊生长率均达到最大值；超过 1% 时，各生长指标有所降低，但差异不显著。苜蓿皂苷对血鹦鹉鱼生长的影响尚未见报道，但是有研究苜蓿粉对金鱼生长的影响，结果表明饲料中苜蓿粉含量达到 25% 以后，会阻碍金鱼的生长 (Yanar et al.，2008)；1.5% 含量的苜蓿皂苷对断奶仔猪的生长有促进作用 (Shi et al.，2014)；0.024% 的苜蓿皂苷能够降低高脂小鼠体质量，促进其健康生长 (王先科等，2012)。上述研究表明一定的苜蓿皂苷添加量能够促进动物生长，但是超过某一值后，对动物生长的促进作用有所减弱。本研究中苜蓿皂苷添加量为 1% 时，对血鹦鹉鱼各种生长性能具最佳的促进作用。这与不同物种对苜蓿皂苷的吸收利用率不同有关，且存在苜蓿皂苷的加工程序不同等因素影响。整个实验过程中，各组均未见鱼体死亡现象，说明本研究饲料中苜蓿皂苷水平不影响血鹦鹉鱼的健康，是一种绿色安全的血鹦鹉鱼饲料添加剂。

(二) 不同水平苜蓿皂苷对血鹦鹉鱼体内类胡萝卜素含量的影响

脂肪、蛋白质、维生素等因素都可影响鱼体对饲料中类胡萝卜素的吸收。脂肪可以显著提高大西洋鲑 (*Salmo salar*) 脂肪组肌肉中色素含量 (Young et al.，2006)；投喂 36.20% 的蛋白质可使红草金鱼鳍条和皮肤的色素吸光光度值达到最大 (黄辨非等，2008)；维生素 E 和类胡萝卜素的吸收过程相似，能够协同吸收 (Surai，1999)；同时一定量的维生素 E 可以提高 β 胡萝卜素向血浆转运的能力 (Wang et al.，1995)。但脂肪含量大饲料容易腐败，维生素易被氧化，蛋白质也大大增加饲料的成本。本研究在相同虾青素含量的饲料中添加 0.4% ～ 1.2% 的苜蓿皂苷，结果表明随着苜蓿皂苷水平的增加，血鹦鹉鱼体内类胡萝卜素含量也逐渐增加，苜蓿皂苷含量为 0.6% 时，类胡萝卜素含量与对照组出现显著差异，达到 1% 时，类胡萝卜素含量达到最高值，不再随着苜蓿皂苷添加量增加而显著增加。实验结果说明在含有 0.3%虾青素的饲料中添加苜蓿皂苷能促进血鹦鹉鱼对虾青素的吸收，且含量达到 1%时，吸收效果最好，这与血鹦鹉鱼的生长性能结果一致。与脂肪、蛋白质及维生素相比，苜蓿皂苷不仅可以提高动物体的抗氧化指标（Shi et al.，2014），调节动物体的脂质代谢，还可以提高动物体的免疫力（王成章等，2011），且苜蓿皂苷是从植物中提取的生物活性成分，绿色安全。

实验过程中，血鹦鹉鱼不同组织间类胡萝卜素含量始终不同，增加量也不同，始终是尾鳍＞鳞片＞皮肤，实验结束后饲料中苜蓿皂苷水平为 1%时，尾鳍、鳞片和皮肤的类胡萝卜素增加量分别是 288.14mg/kg、151.67mg/kg 和 53.90mg/kg。这表明虾青素在消化过程中主要沉积在尾鳍和鳞片中，皮肤中较少。幼鲑的研究中，也发现了投喂叶黄素后，类胡萝卜素在各个部位沉积不同，主要在肌肉，其次是皮、肝和性腺（Metusalach et al.，1996）。类胡萝卜素被吸收后，与血浆中脂蛋白结合后进入血液中（Tourniaire et al.，2009），然后再通过相应的载体运输到靶组织，鱼体内不同部位所含脂蛋白载体的数量不一样，从而鱼体内的不同部位类胡萝卜素沉积量有差异。

（三）不同水平苜蓿皂苷对血鹦鹉鱼体表红度值 a* 的影响

本实验中在含有 0.3%虾青素饲料中添加不同浓度的苜蓿皂苷，随着苜蓿皂苷含量的增加，尾鳍和身体的红度值相对于对照组显著性增加，这与实验中测定的血鹦鹉鱼体内类胡萝卜素含量的结果一致。大西洋鲑肌肉的红度值 a* 与身体皮肤和肌肉中沉积的虾青素有关系（Yagiz et al.，2010）。在对花罗汉 [*Amphilophus citrinellus*（Günther，1864）× *Cichlasoma trimaculatum*（Günther，1867）] 的研究中发现，投喂鲜虾组的鱼体类胡萝卜素含量比其他组显著增高，身体红度值 a* 也是显著高于其他各组（Sornsupharp et al.，2013），在对虹鳟（*Oncorhynchus mykiss*）的研究中也是类似的结果（Choubert et al.，2006）。这些研究结果与本实验的结果一致，说明红度值 a* 与鱼体内类胡萝卜含量有正相关关系。皮肤红度值随时间的增加直接归因于酯化了的虾青素在皮肤中沉积的增多（Pu et al.，2010），因此色差计测定的 a* 值可以在一定程度上反映血鹦鹉鱼对虾青素的吸收利用率。实验中，在含有 0.3%虾青素的饲料中添加苜蓿皂苷含量达到0.6%及以上时，鱼体背部和尾鳍的红度值a*与对照组出现显著差异，分别在苜蓿皂苷含量为0.8%和1%时达到最大值，这与身体中测定的类胡萝卜素含量变化趋势有所差异。这是因为虽然红度值a*能在一定程度上反映血鹦鹉鱼对虾青素的吸收，但是本实验中测定的类胡萝卜素是总类胡萝卜素，而a*值仅表现的是身体表面的红度值，两者本身有一定的差异。

四、小结

本研究发现，在含有0.3%虾青素的饲料中添加0.4%～1.2%的苜蓿皂苷，对血鹦鹉鱼的体质量、体长及特殊生长率有显著的促进作用，血鹦鹉鱼体内类胡萝卜素含量及其体表的红度值a*显著高于仅添加0.3%虾青素对照组。饲料中苜蓿皂苷含量为1%时，血鹦鹉鱼的生长指标、体内类胡萝卜素含量及背部红度值a*达到最大值，而尾鳍红度值a*在苜蓿皂苷含量为0.8%时达到最大值。各实验组鱼体死亡率均为0。综合结果表明，在含有虾青素的饲料中添加苜蓿皂苷能促进血鹦鹉鱼生长和对虾青素的吸收，并且建议在含有0.3%虾青素的饲料中，苜蓿皂苷的最适添加量为1%。

第五节　饲料脂肪水平对血鹦鹉鱼吸收虾青素效果、生长性能和血清生化指标的影响

脂肪作为鱼类必需的营养物质之一，对鱼类的生长繁殖起着至关重要的作用。饲料脂肪水平的不同可影响虹鳟对类胡萝卜素的吸收利用，从而影响其体色（Vergara，1999；Torrissen，1990）。付旭等（2020）研究发现饲料脂肪水平对淡黑镊丽鱼（*Labidochromis caeruleus*）的色素蓄积有显著影响。然而饲料脂肪的添加水平并非越高越好，过度添加可导致脂肪肝的发生和免疫力的下降（王朝明，2010）。类胡萝卜素是决定鱼类体色的主要物质（冷向军，2006），但鱼类自身并不能合成类胡萝卜素，必须通过投喂含类胡萝卜素的着色饲料达到增色效果，而类胡萝卜素是通过脂质代谢的途径被鱼体代谢和沉淀（韦敏侠，2015）。目前，

观赏鱼增色饲料中最常用的增红剂是虾青素，然而虾青素价格高昂，在着色饲料投入中占比大，鱼类对虾青素的消化利用率却较低，探索观赏鱼着色饲料中类胡萝卜素与脂肪的适宜添加配比，在节约虾青素用量的情况下达到理想着色效果是解决这一问题的关键。目前，有关血鹦鹉鱼营养相关研究主要集中在着色添加剂投喂量（孙刘娟，2016）、抗氧化能力（石立冬，2019）、非特异性免疫（邢薇，2017）等方面，不同脂肪水平与虾青素的适宜配比研究鲜有报道，本研究添加不同水平的脂肪和定量的虾青素饲喂血鹦鹉鱼，以确定在不影响血鹦鹉鱼正常生长的条件下着色饲料中脂肪的最适添加量，为观赏鱼着色饲料研究提供科学依据，节约成本。

一、材料与方法

（一）实验用鱼及饲养管理

实验对象为 540 尾平均体质量为（28.84 ± 4.84）g 的血鹦鹉鱼，取自中国水产科学研究院珠江水产研究所观赏鱼基地。将实验鱼适应性驯养 7d 后随机分为 6 组，每组 3 个重复，每个重复 30 尾鱼，放于规格为 120cm×60cm×50cm 的玻璃鱼缸中。实验期间每日投喂 2 次（上午 9：00 和下午 4：00），投饲率 3%，饲养水温为（27 ± 1）℃，每周换曝气水 3 次，每次换水量为总体水量的 1/3。养殖实验周期为 60d。

（二）实验饲料

实验饲料为自制配合饲料，以豆油为脂肪源，为排除饲料蛋白和能量的影响，饲料中添加了等量的鱼粉、豆粕、面粉、菜籽粕和棉籽粕，用纤维素调节脂肪的梯度。6 个组分别为：饲喂含 0.4% 虾青素的基础饲料作为对照组（L1 组），饲喂 0.4% 虾青素基础饲料并添加 3%、6%、9%、12%、15% 豆油的作为试验组（分别为 L2、L3、L4、L5、L6 组）。6 个脂肪梯度组中脂肪的实测含量依次为 2.93%、5.90%、8.89%、11.91%、14.94%、17.92%。添加剂的虾青素纯度为 10%。各组饲料原料用粉碎机粉碎，并经过 80 目标准分样筛，混合均匀后，用小型颗粒机加工成直径为 2mm 的沉性颗粒饲料，晾干后密封，－20℃保存备用。饲料配方组成见表 4-31。

表 4 - 31　实验饲料组成与饲料营养水平

项目	L1	L2	L3	L4	L5	L6
饲料组成						
鱼粉（g/kg）	80	80	80	80	80	80
豆粕（g/kg）	220	220	220	220	220	220
菜籽粕（g/kg）	100	100	100	100	100	100
棉籽粕（g/kg）	100	100	100	100	100	100
面粉（g/kg）	240	240	240	240	240	240
米糠（g/kg）	80	80	80	80	80	80
纤维素（g/kg）	150	120	90	60	30	0
维生素预混料（g/kg）	2	2	2	2	2	2
矿物质预混料（g/kg）	5	5	5	5	5	5
氯化胆碱（g/kg）	3	3	3	3	3	3
磷酸二氢钙（g/kg）	16	16	16	16	16	16
虾青素（g/kg）	4	4	4	4	4	4
豆油（g/kg）	0	30	60	90	120	150
合计（g）	1 000	1 000	1 000	1 000	1 000	1 000
营养水平						
粗蛋白质 CP（%）	26.87	26.82	26.85	26.80	26.80	26.83
粗脂肪 EE（%）	2.93	5.90	8.89	11.91	14.93	17.91

注：①维生素预混料每 500g 提供维生素 A 1 100 000IU、维生素 D_3 320 000IU、烟酸 7 800mg、维生素 E 2 500mg、维生素 B_1 1 000mg、生物素 8mg、维生素 B_2 2 000mg、维生素 B_6 1 000mg、叶酸 400mg、维生素 B_{12} 125mg、维生素 C 18 000mg、酶 1 000mg、钾 1.1%、食盐 4.5%、蛋氨酸 400mg、水分≤10%。②矿物质预混料每千克提供磷 40.0g、铁 7.0g、铜 200mg、锌 3.0g、锰 2.0g、镁 25g、碘 30mg、钴 10g、硒 10mg、载体为沸石粉。③营养水平为实测值。

（三）样品采集

实验开始前和结束后，鱼禁食 24h，每个重复组取 10 尾鱼共计 180 尾进行体质量、体长测定，用于计算增重率和特定生长率指标。用 1mL 注射器尾静脉采血，静止 1h 后，用恒温离心机（4℃，6 000r/min）离心 15min，分离血清，将血清样品 -80℃ 保存，用于血清生化指标的测定。解剖鱼体，称取肝脏用于测定肝体比。之后，每个重复组随机取 5 尾共计 90 尾采血后的血鹦鹉鱼，分别取约 0.05g 鳞片、皮肤和尾鳍用于提取类胡萝卜素，鳞片和皮肤取自鱼体中部侧线部分。

(四)指标测定

1. 生长性能的测定

增重率、特定生长率和肝体比的计算公式如下：

$$增重率（WGR，\%）= [（W_1 - W_0）/W_0] × 100\%$$

$$特定生长率（SGR，\%/d）= [（\ln W_1 - \ln W_0）/t] × 100\%$$

$$肝体比（HSI，\%）=（肝脏重量质量/鱼体质量）× 100\%$$

式中：W_0 为试验鱼的初始体质量，g；W_1 为试验鱼的终末体质量，g；t 为实验天数，d。

2. 血鹦鹉鱼背部色度值的测定

采用国际发光照明委员会 CIE 规定的 L*（亮度）、a*（−a* 表示偏绿色，+a* 表示偏红色）、b*（−b* 表示偏蓝色，+b* 表示偏黄色）值来代表鱼体颜色的状态。使用 CR-400 型色彩色差计（柯尼卡-美能达，日本）测定各组鱼体背鳍下方及侧线上方之间区域的 L*、a*、b* 值，并进行统计分析。彩色差计在使用前用白板校准，并将鱼体表面的水分擦干。

3. 类胡萝卜素含量的测定

类胡萝卜素的提取和测定方法参考 Boonyaratpalin 等的方法，类胡萝卜素含量的计算公式如下：

$$S =（A×K×V）/（E×G）$$

式中：S 为类胡萝卜素含量，mg/kg；A 为吸光度值；K 为常数，10 000；V 为提取液体积，mL，E 为吸光系数，2 500；G 为样品质量，g。

4. 血清指标分析

血清生化指标采用购自南京建成生物工程研究所的总胆固醇（T-CHO）测试盒、游离脂肪酸（NEFA）测试盒、总胆汁酸（TBA）测试盒、总蛋白（TP）定量测试盒进行测定。

(五)数据统计与分析

实验数据用 Excel 处理，均以"means ± SD"表示，结果用 Statistica 6.0 进行相关性检验，采用单因素方差分析（One-way ANOVA）做显著性检验，用最小显著差异法（least significant difference，LSD）进行组间多重比较，显著差异水平设为 $P < 0.05$，并利用 Origin 9.1 作图。

二、结果与分析

（一）饲料脂肪水平对血鹦鹉鱼生长性能的影响

由表 4-32 可知，随着饲料脂肪添加水平的升高，血鹦鹉鱼的末体质量、SGR、WGR 均呈先升高后下降，在 L6 组再上升的趋势。当饲料脂肪水平为 11.91%（L4 组）时，血鹦鹉鱼的末体质量、SGR 和 WGR 达到最大，分别为 40.86g、0.63%/d 和 5.22%，均显著高于其他组（$P<0.05$）。HSI 除 L2 组外，其他组均随着饲料脂肪添加水平升高而升高，各组间均有显著差异（$P<0.05$）。

表 4-32　饲料脂肪水平对生长性能的影响

组别	L1	L2	L3	L4	L5	L6
初体质量（g）	27.97±0.92	27.97±0.92	27.97±0.92	27.97±0.92	27.97±0.92	27.97±0.92
末体质量（g）	31.50±0.91[a]	34.53±0.61[b]	39.11±0.77[d]	40.86±0.99[e]	36.30±0.60[c]	39.05±0.68[d]
特定生长率（%/d）	0.22±0.02[a]	0.35±0.02[b]	0.55±0.01[d]	0.63±0.04[e]	0.44±0.03[c]	0.56±0.03[d]
增重率（%）	4.07±0.06[a]	4.40±0.06[b]	4.96±0.05[d]	5.22±0.13[e]	4.64±0.07[c]	4.99±0.08[d]
肝体比（%）	1.61±0.03[b]	1.40±0.02[a]	1.75±0.03[c]	1.81±0.01[d]	1.86±0.01[e]	1.97±0.01[f]

注：同一行数据右上角相同字母表示经 LSD 法检验在 0.05 水平差异不显著，不同字母表示存在显著差异。

（二）饲料脂肪水平对血鹦鹉鱼体表色度值 L*、a*、b* 的影响

由表 4-33 可知，饲料中脂肪水平对血鹦鹉鱼中表示亮度值的 L* 值无显著性影响（$P>0.05$），但对表示红度值的 a* 值和表示蓝度值的 b* 值有影响。随着饲料脂肪水平升高，表示体表红色值的 a* 值呈现先增大后减小的趋势，L4 组 a* 值最大，且显著高于 L1、L2、L3、L5 和 L6（$P<0.05$）。饲料脂肪添加水平对 b* 值的影响与 a* 值类似，整体呈先增大后减小的趋势，L3 组 b* 值最大，显著高于 L1、L2、L5 和 L6 组（$P<0.05$），与 L4 组无显著性差异（$P>0.05$）。

表 4-33　饲料脂肪水平对体表 L*、a*、b* 值的影响

项目	L1	L2	L3	L4	L5	L6
亮度值 L*	59.72±1.34	60.41±1.85	60.55±1.66	60.09±0.95	60.39±1.24	60.30±0.27

（续）

项目	L1	L2	L3	L4	L5	L6
红度值 a*	16.74±1.32[a]	16.96±1.83[a]	22.73±1.75[b]	25.71±1.15[c]	22.71±1.41[b]	21.56±0.95[b]
黄度值 b*	20.92±1.19[a]	21.04±3.08[a]	30.24±1.27[c]	29.55±1.91[c]	25.18±1.35[b]	25.48±1.28[b]

注：同一行数据右上角相同字母表示经 LSD 法检验在 0.05 水平差异不显著，不同字母表示存在显著差异。

（三）饲料脂肪水平对血鹦鹉鱼组织中类胡萝卜素含量的影响

从图 4-10 可知饲料脂肪水平对血鹦鹉鱼鳞片、皮肤和尾鳍中的类胡萝卜素含量有较大影响，表现为随着饲料脂肪水平的升高，鳞片、皮肤和尾鳍中的类胡萝卜素含量均呈现先升高后降低的趋势。其中，L5 组鳞片中的类胡萝卜素含量显著高于 L1、L2、L3、L4 组（$P<0.05$），但和 L6 组无显著差异（$P>0.05$）；皮肤组织中，L4 组的类胡萝卜素含量最高，且显著高于 L1、L2、L5 和 L6 组（$P<0.05$），但与 L3 组无显著差异（$P>0.05$）。尾鳍中，L4 组的类胡萝卜素含量也最高，且显著高于其他组（$P<0.05$）。

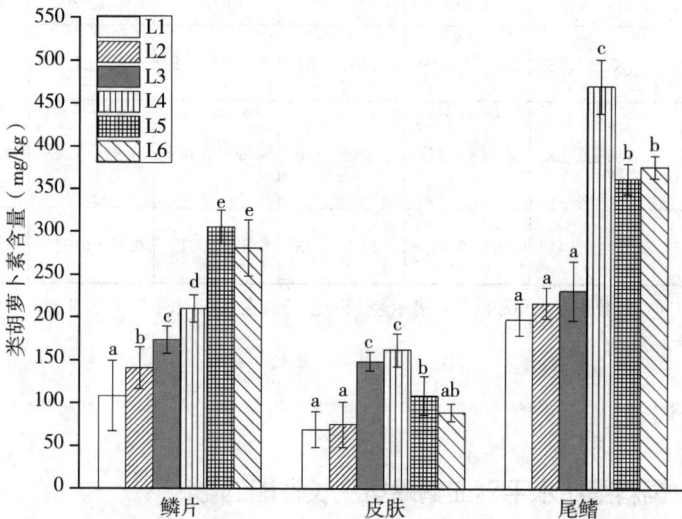

图 4-10　饲料脂肪水平对血鹦鹉鱼鳞片、皮肤和尾鳍类胡萝卜素含量的影响
注：相同字母表示经 LSD 法检验在 0.05 水平上差异不显著，不同字母表示存在显著差异。

（四）饲料脂肪水平对血鹦鹉鱼血清生化指标的影响

由表 4-34 可知，总胆固醇（TCHO）和总蛋白（TP）含量随着饲料脂肪的添加量的增加呈先上升后下降的趋势，L5 组的 TCHO 含量最高，显著高于其他各组（$P<0.05$），TCHO 和 TP 含量均为实验组（L2~L6）显著高于对照组（L1）（$P<0.05$）。总胆汁酸（TBA）从 L3 组开始随脂肪水平的增加呈现先升高后降低的趋势，L4 组 TBA 含量达到最高值，且显著高于其他组（$P<0.05$）。低密度脂蛋白胆固醇（LDL-C）的含量与饲料脂肪水平呈正相关，L5 组的 LDL-C 含量最高，且显著高于 L1 至 L4 各组（$P<0.05$），但与 L6 无显著差异（$P>0.05$）。不同组的游离脂肪酸（NEFA）的含量无明显规律，但各试验组（L2 至 L6）均显著低于对照组（L1 组）（$P<0.05$）。

表 4-34　饲料脂肪水平对血鹦鹉鱼各项血清生化指标的影响

项目	L1	L2	L3	L4	L5	L6
总胆固醇（mmol/L）	4.52±0.37[a]	6.04±0.54[b]	6.96±0.61[c]	7.22±0.47[c]	8.14±0.16[d]	7.06±0.25[c]
总蛋白（μg/mL）	3 206.88±116.46[a]	4 139.30±179.16[c]	4 128.76±125.63[bc]	4 272.42±61.04[c]	4 090.07±181.63[bc]	3 928.52±105.83[b]
总胆汁酸（μmol/L）	22.03±3.18[a]	21.51±3.19[a]	63.58±2.01[c]	76.77±2.98[d]	43.33±1.88[b]	44.33±3.75[b]
低密度脂蛋白胆固醇（mmol/L）	1.99±0.13[a]	2.14±0.12[b]	2.50±0.06[c]	2.66±0.03[d]	3.62±0.05[e]	3.61±0.11[e]
游离脂肪酸（mmol/L）	0.74±0.042[d]	0.66±0.035[c]	0.53±0.028[b]	0.62±0.019[c]	0.47±0.024[a]	0.64±0.041[c]

注：表中同一行数据右上角相同字母表示经 LSD 法检验在 0.05 水平差异不显著，不同字母表示存在显著差异。

三、讨论

（一）饲料脂肪水平对血鹦鹉鱼生长性能的影响

脂肪是维持鱼体正常生长和发育的重要营养素之一，也是重要的能量来源。在饲料中提高脂肪的含量，可以有效节约蛋白质，促进鱼体生长，还能降低饲料系数（向枭，2013）。本实验中，饲料脂肪水平为 11.91% 时

（L4 组），血鹦鹉鱼的特定生长率和增重率均为最高，表明血鹦鹉鱼生长性能最佳。研究发现，饲料脂肪水平为 6.88% 时，胭脂鱼（*Myxocyprinus asiaticus*）的 *SGR* 和 *WGR* 最高，推荐的最适脂肪水平为 6.62%～7.02%；饲料脂肪水平为 9.4% 时，淡水黑鲷（*Hephaestus fuliginosus*）（宋理平，2010）的 SGR 最高，生长性能最好；饲料脂肪水平为 10.68% 时，点篮子（*Siganus guttatus*）幼鱼（朱卫，2013）的 *SGR* 和 *WGR* 最高；参照 *SGR* 指标，40 g 左右规格的军曹鱼（*Rachycentron canadum* L.）的脂肪需求量为 13.97%～14.16%，500 g 左右规格的军曹鱼为 13.18%～13.47%（刘迎隆，2019）。说明鱼的不同种类、生长阶段对脂肪的需求量也大为不同。本实验中，在 2.93%～11.91% 的脂肪添加水平内，血鹦鹉鱼的 *SGR* 和 *WGR* 随着饲料脂肪水平的升高逐渐升高，且存在显著差异，说明在一定饲料脂肪水平范围内，血鹦鹉鱼的生长性能随饲料脂肪水平的升高而升高，这与胭脂鱼（王朝明，2010）、瓦氏黄颡鱼（*Pelteobagrus vachelli*）（袁立强，2008）和异育银鲫（*Carassius auratus gibelio*）（王爱民，2010）等的研究结果基本一致。肝脏是鱼类脂肪代谢的主要场所和重要的营养储存器官，肝体比可以反映养殖过程中鱼类肝脏的生理状态。但本实验中，随着饲料脂肪水平的升高，血鹦鹉鱼 *HSI* 呈上升趋势，推测过高的脂肪水平促使肝脏中的脂肪细胞数目增多、体积变大（Umino，1996；Bellardi，1995），使得肝脏中出现过量脂肪沉积，从而导致肝体比增加，肝组织受损，这与奥尼罗非鱼（*Oreochromis aureus × O. niloticus*）幼鱼（甘晖，2009）、白甲鱼（*Onychostoma sima*）幼鱼（向枭，2013）和红鳍东方鲀（*Takifugu rubripes*）幼鱼（孙阳，2013）的研究结果相似。

（二）饲料脂肪水平对血鹦鹉鱼体表色度值 L*、a*、b* 的影响

虾青素是水产动物主要的呈色物质，a* 和 b* 值的高低反映了鱼体表红色和黄色的量化程度。本实验中，随着饲料脂肪水平的升高，a* 值、b* 值和类胡萝卜素含量呈现相一致的变化趋势，这说明红度和黄度与血鹦鹉鱼类胡萝卜素含量呈正相关关系，适当提高饲料脂肪水平在一定范围内对血鹦鹉鱼的体色增红有明显的促进作用。本实验还发现皮肤的 a* 值和 b* 值的最高值分别出现在 L4 和 L3 组，之后出现下降，说明过高的脂肪含量无益于类胡萝卜素的吸收，这与付旭等对淡黑镊丽鱼

（*Labidochromis caeruleus*）和崔培等对锦鲤（*Cyprinus carpio*）的研究结果
一致。

（三）饲料脂肪水平对血鹦鹉鱼组织中类胡萝卜素含量的影响

本实验中，在等量虾青素添加下，适当增高饲料脂肪水平可明显促进
血鹦鹉鱼鳞片、皮肤和尾鳍的虾青素沉积。孙向军等研究表明，不同饲料
脂肪水平对锦鲤体色影响也有相似结果。Barbosa 等（1999）报道在加入
等量虾青素的饲料中，脂肪水平较高的虹鳟血清中的虾青素含量相应较高，
有更多的虾青素沉积。崔培等报道当饲料脂肪的添加水平在 5.60%～
14.20%时，锦鲤皮肤中类胡萝卜素也呈先升高后降低的趋势。Torrissen
和 Christiansen（1995）研究表明，随着虹鳟饲料中脂肪水平的升高，虾
青素的表观消化率增加，也证明脂肪可以影响鱼类对虾青素的吸收和利
用，从而影响鱼类的体色。本实验中脂肪水平超过 11.91%时，皮肤中的
类胡萝卜素含量显著降低（$P<0.05$），说明当饲料脂肪添加超过一定量，
反而会对类胡萝卜素沉积产生不利影响。当虾青素含量为 400mg/kg，添
加的饲料脂肪为 11.91%时，血鹦鹉鱼所能沉积的色素量达到峰值，超过
吸收饱和量的类胡萝卜素不能沉积于体内。由实验结果可见，相比鳞片和
皮肤，类胡萝卜素在尾鳍中沉积量最大。张晓红等在对血鹦鹉鱼体色的研
究中发现，当虾青素添加量在 30～900mg/kg 时，尾鳍中类胡萝卜素均高
于皮肤，与本实验结果相似。

（四）饲料脂肪水平对血清生化水平的影响

血液中的 TP 含量是反映鱼体吸收和代谢蛋白质的重要指标，TP 具有
维持血管内渗透压平衡、运输多种代谢物等多种功能，能够反映鱼体的健康
状况。吉富罗非鱼（*O. niloticus*）（王爱民等，2011）、鳡（*Elopichthys bambusa*）
幼鱼（赵巧娥等，2012）等的研究结果表明，随着饲料脂肪水平的升高，
血清中的 TP 含量呈下降趋势，而本研究中血鹦鹉鱼的 TP 含量呈先上升
后下降的趋势，但各试验组鱼的 TP 均高于低脂肪含量的 L1 对照组，当
饲料脂肪添加水平大于 11.91%（L4 组）时，血鹦鹉鱼血液中的 TP 含量
出现下降趋势，这可能与蛋白质利用率相关，匙吻鲟（*Polyodon spathula*）
的 TP 含量也表现为高脂组（11.64%）显著高于低脂组（3.01%），刘阳
洋等（2018）也分析，在一定范围内提高脂肪添加水平可以促进匙吻鲟对

蛋白质的吸收，但饲料脂肪水平过高则无益于提高饲料蛋白的利用率。

血清 TCHO 与鱼类营养状况密切相关，常用于反映生物对脂肪的代谢状况（黄春红等，2016），TCHO 含量升高表明内生脂肪转运状态活跃，是脂肪运转系统对高脂肪饲料的应答（DING 等，2010）。本实验结果显示，血清 TCHO 与 TP 相似，呈现先升高后下降的变化趋势，低脂对照组（L1 组）的 TCHO 含量显著低于其他各高脂肪实验组，这与褐菖鲉（*Sebastiscus marmoratus*）、额尔齐斯河银鲫（*Carassius auratus gibelio* Bloch）（高攀等，2021）、白甲鱼幼鱼（向枭等，2013）、大口黑鲈（*Micropterus salmoides*）（朱婷婷等，2018）的研究结果基本一致，最适脂肪添加量均在 8%～11%的范围。本实验中，饲料脂肪添加水平小于 14.94%（L5 组）时，血鹦鹉鱼血清中 TCHO 持续升高，推测可能是血鹦鹉鱼吸收的脂肪经肝脏合成并转运至血液中的胆固醇致使其不断升高，而当饲料脂肪添加水平超过 14.94%，TCHO 含量开始下降，此结果可能是脂肪肝发生后肝细胞破损，肝功能受损，进而合成并转运到血液中的胆固醇含量减少造成的（McCullough and Arthur，2004）。但对于奥尼罗非鱼幼鱼和鳜幼鱼（赵巧娥等，2012），脂肪最适添加浓度建议是相对较低的 6%和 8%左右，TCHO 含量随饲料脂肪水平的升高呈下降趋势。可能饲料脂肪水平对 TCHO 的影响在不同鱼类、不同生长阶段也会发生变化。

低密度脂蛋白胆固醇是反映脂类在动物体内分解转运的重要反馈指标，LDL-C 将肝脏合成的内源性 CHL 从肝细胞转运到机体组织细胞，临床认为血清 LDL-C 的升高可能预示肝功能异常或其他代谢问题（吴永健等，2022），本研究中，随着饲料脂肪添加水平的升高，各实验组血清 LDL-C 呈上升趋势，这与军曹鱼（刘迎隆等，2019）、褐菖鲉（李云航等，2013）、额尔齐斯河银鲫（高攀等，2021）、匙吻鲟（刘阳洋等，2018）等的研究结果基本一致。推测血鹦鹉鱼将肝脏转运到血液中的 CHL 降低，饲料脂肪水平对血鹦鹉鱼的肝功能产生了一定影响。

胆汁酸（TBA）是肝脏细胞内胆固醇的一种代谢产物，对脂肪的代谢有重要作用，其生成与代谢和肝脏关系密切，TBA 水平是反映肝实质损伤的一项重要指标。一般情况下血清中胆汁酸含量极低，当肝细胞受到损害时，肝细胞对胆汁的摄取功能降低，直接影响胆汁酸及胆固醇的代谢，导致血清中胆汁酸含量升高（曹学民，2011）。随着饲料脂肪含量的增加，血鹦鹉鱼血清总胆汁酸从 L3 组开始显著升高，到 L5 时又出现降低趋势，L4 组 TBA 含量达到最高值，但高脂肪试验组的 TBA 含量均显著高于低脂肪对照组（$P<0.05$），鳜、白甲鱼、额尔齐斯河银鲫等也有类似的先升后降或持续上升但实验组 TBA 值均高于对照组的结果，这说明饲料中过高的脂肪水平使血鹦鹉鱼肝脏细胞组织发生了一定的生理病变。与此相应的是，肝体比（HIS）也呈现持续升高的趋势。

四、小结

适量的饲料脂肪添加可提高血鹦鹉鱼对虾青素的吸收效率，增强其免疫力，并促进其生长，过高的脂肪水平却可引起肝损伤。在本实验条件下，综合对虾青素的利用率、血清生化指标和生长性能等指标，血鹦鹉鱼着色饲料（0.4%虾青素）中适宜的脂肪水平为 11.91%～14.94%。本研究可为血鹦鹉鱼着色饲料配制提供参考。

第五章

血鹦鹉鱼水质调控技术

一、材料与方法

（一）实验方法

实验在天津嘉禾田源观赏鱼养殖有限公司进行。采用实验温室大棚养殖血鹦鹉鱼，面积为1亩，水深为2米。实验装置为天津嘉禾田源观赏鱼养殖有限公司和天津市水产研究所联合开发的水处理装置（专利号为ZL 201420507494.8），该装置主要是以自制陶粒为填料进行生物净化。在大棚中设置一台200W的潜水泵，将水抽出后注入装有陶粒的塑料箱中，塑料箱长20m，宽0.5m，陶粒装高0.5m，塑料箱底部有溢水孔，水经陶粒净化后流回温室大棚，水处理装置在实验期间不间断运行。

（二）采样方法

实验从3月7日开始到4月25日结束，共进行50d。实验设置两个采样点位，即经陶粒处理后进入温室大棚的水（大棚进水口）和从温室大棚排出的未经陶粒处理的水（大棚出水口）。实验期间每周测定一次水质理化指标。

（三）测定项目

测定项目包括pH、总磷、总氮、氨氮、亚硝态氮、硝酸态氮、总碱度、总硬度、Ca^{2+}、盐度。检测方法依据《水环境监测规范》。

（四）分析方法

实验期间的水质变化特征用Excel进行分析。

二、结果与分析

从图5-1可以看出，pH随养殖变化不大，变化范围为7.80~8.41，但是出水口略高于进水口。

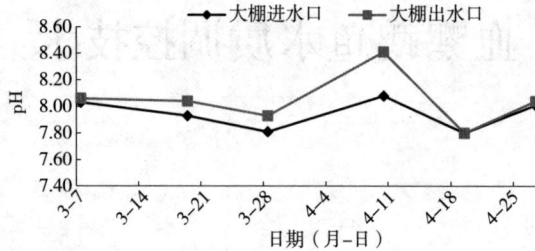

图5-1 血鹦鹉鱼养殖大棚水体 pH 变化情况

从图5-2可以看出盐度随养殖先下降后上升，并且出水口高于进水口。

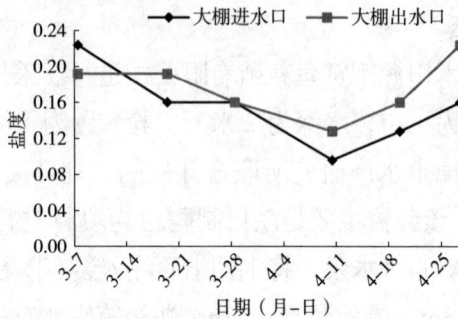

图5-2 血鹦鹉鱼养殖大棚水体盐度变化情况

从图5-3中可以看出，钙离子随养殖波动上升，变化范围为0~0.96mmol/L，并且进出水口之间没有统一变化规律。

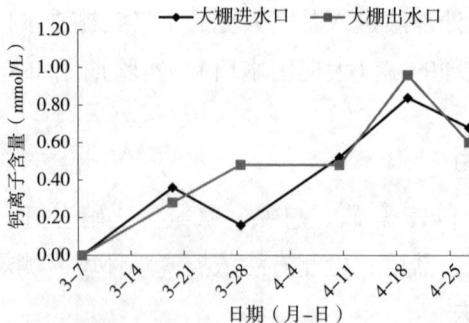

图5-3 血鹦鹉鱼养殖大棚水体钙离子含量变化情况

从图5-4可以看出总硬度随养殖波动变化，变化范围为0.28～1.44mmol/L，并且前期大棚进出水口没有变化，后期出水口高于进水口。

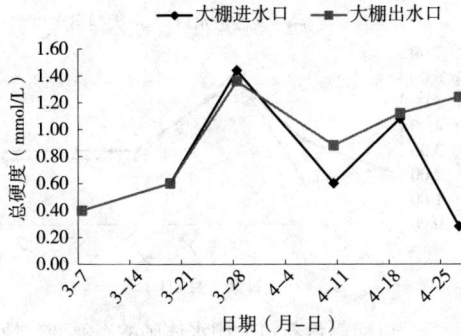

图 5-4　血鹦鹉鱼养殖大棚水体总硬度变化情况

从图5-5可以看出，总碱度随养殖没有显著变化，变化范围为210.21～275.28mg/L，并且进出水口之间的变化也不大。

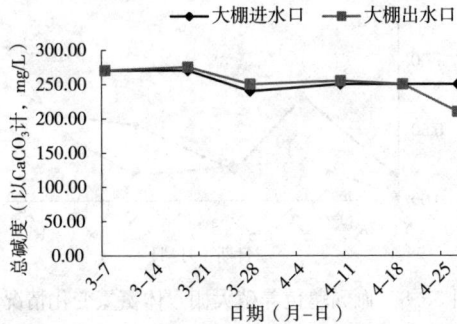

图 5-5　血鹦鹉鱼养殖大棚水体总碱度变化情况

从图5-6可以看出，亚硝态氮随养殖波动变化，变化范围为0.09～1.39mg/L。并且进出水口之间变化没有统一规律。

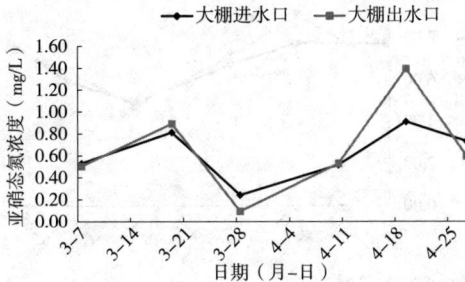

图 5-6　血鹦鹉鱼养殖大棚水体亚硝态氮变化情况

从图 5-7 可以看出，硝态氮随养殖呈先升高后有所下降后趋于稳定，变化范围为 1.67~6.24mg/L。进出水口之间变化不明显。

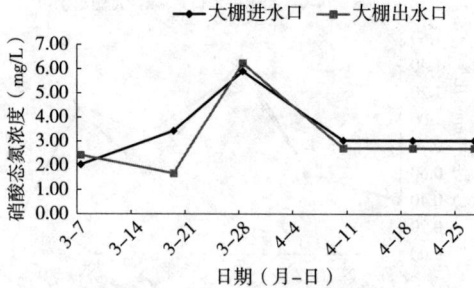

图 5-7　血鹦鹉鱼养殖大棚水体硝酸态氮变化情况

从图 5-8 可以看出，随养殖进行氨氮不断上升，并且进水口和出水口之间没有统一的变化规律。变化范围为 0.04~2.22mg/L。

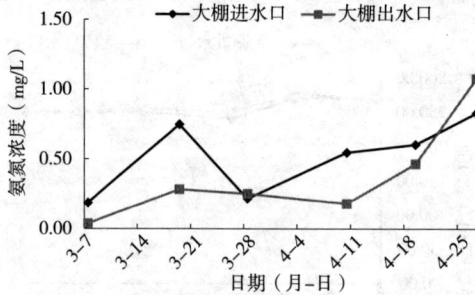

图 5-8　血鹦鹉鱼养殖大棚水体氨氮变化情况

从图 5-9 可以看出，随养殖进行总氮波动变化，但是进水口和出水口之间没有明显变化。变化范围为 4.79~7.84mg/L。

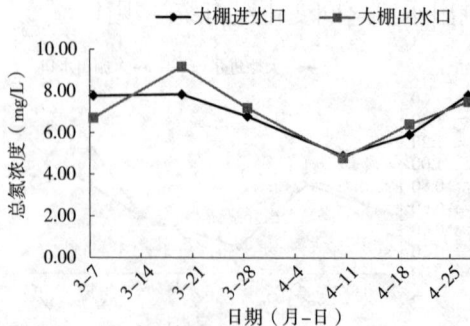

图 5-9　血鹦鹉鱼养殖大棚水体总氮变化情况

从图 5 - 10 可以看出，随养殖进行总磷波动变化，但是进水口和出水口之间没有明显变化。变化范围为 0.57～1.22mg/L。

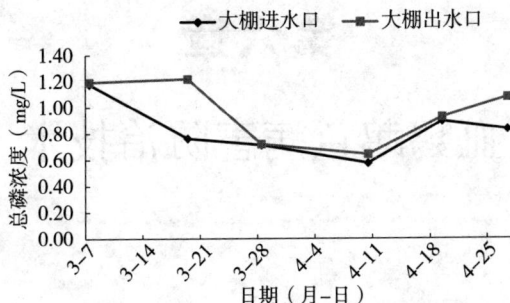

图 5 - 10 血鹦鹉鱼养殖大棚水体总磷变化情况

三、结论与分析

陶粒是目前应用较多的填料，在水处理领域有着广泛的应用。黄建洪等（2012）研究发现陶粒对氨氮的最大吸附量为 22.23mg/kg，对磷的最大吸附量为 15.38mg/kg。马放等（2011）通过对生物陶粒反应器的水处理技术进行实验研究，结果表明：生物陶粒对水中各种物质都有比较明显的处理效果，其中，对氨氮的去除率为 78.43%；对 OC 的去除率在 30% 左右，最佳能达到 34.66%；对亚硝态氮的去除率在 99% 以上；对浊度的降低率为 87.33%。宋奔奔等（2010）研究了陶粒为填料的生物滤器去除模拟海水养殖废水中化学需氧量和总氨氮，结果表明陶粒对化学需氧量和总氨氮去除效能最高分别可达 650g/（m³·d）和 15g/（m³·d）。在本实验中，虽然一直在投喂饲料，但是大棚水体的氨氮、亚硝态氮、总氮和总磷等却没有显著升高，说明实验所用的水处理装置发挥了作用。因此，在温室大棚养殖血鹦鹉鱼的实际生产中，可以使用该装置调控养殖用水。

第六章

血鹦鹉鱼病害防治技术

第一节　非特异性免疫复合制剂
防治血鹦鹉鱼病害研究

一、材料与方法

（一）材料

1. 实验鱼

血鹦鹉鱼采自天津市里自沽农工商实业总公司，体长（10±1）cm，体质量（20±2）g，鱼体健康、活力强，实验在天津市水产研究所循环水族系统中进行。

2. 非特异性免疫复合制剂及实验饵料

非特异性免疫制剂按照专利配方配制，饵料采用天津市里自沽农工商实业总公司正常养殖的饵料。

3. 菌株

嗜水气单胞菌（*A. hydrophila*）由天津市水产研究所水生动物防治技术研究室从患病血鹦鹉鱼肾脏中分离培养获得。

4. 试剂

营养琼脂、生理盐水（0.85%）、1%肝素钠、吉姆萨染液、溶菌酶（LYZ）试剂盒、碱性磷酸酶（AKP）试剂盒、总超氧化物歧化酶（T-SOD）试剂盒、无菌水等。

5. 仪器与耗材

酒精灯、接种针、移液器、培养箱、水浴锅、离心机、水族箱、充气泵、吸头、eppendorf管、注射器、小试管、涂布棒、一次性无菌培养皿、载玻片、硅胶塞等。

(二) 方法

1. 非特异性免疫复合制剂及实验饵料的制备

(1) 非特异性免疫复合制剂的制备 非特异性免疫复合制剂按原料重量百分比混合配制而成：β-葡聚糖 0.25～0.35kg、大黄 0.6～0.7kg、黄芩 0.23～0.33kg、黄柏 0.42～0.52kg、穿心莲 0.4～0.51kg、维生素 C 磷酸酯 0.45～0.55kg、维生素 B_2 0.1～0.2kg。

(2) 饵料的制备 先将50g黏合剂与10L饮用水混合，然后将混匀的黏合剂水溶液泼洒到50kg颗粒饵料上，将饵料均匀混湿，之后撒入50g非特异性免疫制剂，充分搅拌混匀，阴凉干燥后投喂使用。

2. 室内小水体投喂对比实验

实验设三个实验组和一个对照组，分别为：对照组、0.1%组、0.2%组和0.3%组。每个水族箱中放养30尾血鹦鹉鱼。配备循环水系统，连续充气，待实验鱼摄食稳定后（暂养7d后），实验组分别投喂非特异性免疫制剂饵料，对照组继续投喂普通商品饵料，实验周期为15d，日投饵量为鱼体质量的1%。每天监测循环水的理化指标，保持水质稳定，实验期间水温保持在28～30℃。室内小水体对比实验结束后，每个水族箱中取10尾鱼进行嗜水气单胞菌人工感染实验。

3. 溶菌酶、碱性磷酸酶和总超氧化物歧化酶的含量测定

(1) 血清制备 从0.1%组、0.2%组和对照组的血鹦鹉鱼中各随机抽取10尾，先用酒精棉球擦拭，然后用一次性无菌注射器抽血约1mL，轻轻推入1.5mL提前预冷（4℃）的离心管中，用签字笔做好标记，置于离心管架上。4℃过夜，将离心管于离心机8 000r/min离心10min，用移液枪缓慢吸取上层血清，放到另一组标记好的试管中，测定相关酶指标或放在-20℃保存备用。

(2) 血清中溶菌酶（LYZ）的测定 采用溶菌酶测定试剂盒（南京建成生物工程研究所）测定LYZ活性。具体操作按表6-1进行。

表 6-1 溶菌酶测定方法

项目	空白管	标准管	测定管
双蒸水（mL）	0.2	\	\
2.5μg/mL 溶菌酶标准应用液（mL）	\	0.2	\
样本血清（mL）	\	\	0.2
应用菌液（mL）	2.0	2.0	2.0

混匀表 6-1 中各组分，37℃ 水浴 15min 后立即取出置于冰水浴 3min，然后逐管取出，倒入 1cm 光径比色皿中，530nm 处以双蒸水调透光度 100%，比色，测各管透光度 T_{15}（T_{15} 即 37℃ 水浴 15min 后的透光度值）。

计算公式如下：

溶菌酶含量（μg/mL）＝（测定透光度 UT_{15} － 空白透光度 OT_{15}）÷（标准透光度 ST_{15} － 空白透光度 OT_{15}）× 标准品浓度（2.5μg/mL 即 200U/mL）× 样本测试前稀释倍数

(3) 血清中碱性磷酸酶（AKP）的测定 采用碱性磷酸酶（AKP）测定试剂盒（南京建成生物工程研究所）测定 AKP 活性。具体操作按表 6-2 进行。

表 6-2 碱性磷酸酶测定方法

	空白管	标准管	测定管
双蒸水（mL）	0.03	\	\
0.1mg/mL 酚标准液（mL）	\	0.03	\
待测样本（mL）	\	\	0.03
缓冲液（mL）	0.5	0.5	0.5
基质液（mL）	0.5	0.5	0.5
充分混匀，37℃ 水浴 15min			
显色剂（mL）	1.5	1.5	1.5

单位定义：100mL 血清在 37℃ 与基质作用 15min 产生 1mg 酚为一个金氏单位。

计算公式为：

$$碱性磷酸酶 = (测定\ OD\ 值 \div 标准\ OD\ 值) \times$$
$$标准管含酚量\ (0.005\text{mg}) \times$$
$$(100\text{mL} \div 0.05\text{mL})$$

(4) 血清中总超氧化物歧化酶（T-SOD）的测定 采用总超氧化物歧化酶（T-SOD）测定试剂盒（南京建成生物工程研究所）测定 SOD 活性。

具体操作按表 6-3 进行。

表 6-3 总超氧化物歧化酶测定方法

试剂	测定管	对照管
试剂一应用液（mL）	1.0	1.0
样品（mL）	a*	\
双蒸水（mL）	\	a*
试剂二（mL）	0.1	0.1
试剂三（mL）	0.1	0.1
试剂四应用液（mL）	0.1	0.1
用混匀器充分混匀，置于 37℃恒温水浴或气浴 40min		
显色剂（mL）	2	2

将表 6-3 中各组分混匀，室温放置 10min，倒入 1cm 光径比色皿中，双蒸水调零，于波长 550nm 处比色。

单位定义：每毫升反应液中 SOD 抑制率达 50%时所对应的 SOD 量为一个 SOD 活力单位（U）。

计算公式为：

$$总\ SOD\ 活力 = (对照\ OD\ 值 - 测定\ OD\ 值) \div 对照\ OD\ 值 \div$$
$$50\% \times 反应体系的稀释倍数 \times$$
$$样本测试前的稀释倍数$$

4. 嗜水气单胞菌人工感染实验

分别放养室内小水体实验结束后的对照组、0.1%组、0.2%组和 0.3%组的血鹦鹉鱼，每个水族箱放养 10 尾。采用腹部注射感染的方法，进行嗜水气单胞菌人工感染实验，注射菌悬液浓度为 1.0×10^8 CFU/mL，剂量为每 20g 鱼体质量注射 0.1mL 菌悬液。保持水温在 28℃，统计 7d 鱼死亡数，计算其死亡率。

5. 数据处理

用 SPSS13.0 统计软件的成对 t 检验，对投喂不同剂量的血鹦鹉鱼的非特异性免疫指标溶菌酶（LYZ）、碱性磷酸酶（AKP）、总超氧化物歧化酶（T-SOD）和感染后死亡率的差异性进行比较。

二、结果

经过 15d 的室内小水体投喂非特异性免疫制剂实验后，检测并比较实验组和对照组溶菌酶（LYZ）、碱性磷酸酶（AKP）、总超氧化物歧化酶（T-SOD）和感染后死亡率，结果见表 6-4。

表 6-4　血鹦鹉鱼非特异性免疫和抗应激指标

组别	LYZ （μg/mL）	AKP （金氏单位/100mL）	T-SOD （U/mL）	死亡率 （%）
对照	2.32±0.18[b]	4.11±0.80[ab]	56.19±13.82[ab]	100
0.1%	2.71±0.07[a]	5.95±0.95[a]	56.77±7.77[ab]	50
0.2%	2.88±0.08a	5.93±0.58[a]	73.41±6.69a	35
0.3%	2.83±0.04[a]	5.19±0.21[ab]	68.88±3.42[a]	60

注：右上角标注不同字母表示方差分析差异显著。

血鹦鹉鱼免疫指标如表 6-4 所示，各测定酶指标都是投喂免疫增强剂浓度 0.2% 组最高，并且显著高于对照组，0.2% 组的死亡率最低。因此可以证明投喂本复合制剂可以明显提高血鹦鹉鱼的非特异性免疫力和抗应激能力。

三、讨论

溶菌酶是存在于鱼类黏液、淋巴组织、血清和头肾中的一种水解酶。血清中的溶菌酶主要来源于中性粒细胞、单核细胞和吞噬细胞，是生物机体在免疫反应过程中分泌的具有溶解细菌作用的非特异性免疫因子，在动物的免疫防御中发挥重要作用。溶菌酶能够催化细菌细胞壁水解，使细菌细胞因渗透压差而破裂，从而杀灭病原微生物。溶菌酶的活性是决定吞噬细胞能否杀灭所吞噬的致病菌的物质基础之一。

曹振杰等（1999）在草鱼饲料中添加不同剂量的免疫多糖测定血清溶菌酶活力，结果显示免疫多糖对草鱼免疫系统有明显的激活作用。顾雪飞等（2007）在鲤配合饲料中添加金银花、枸杞子等中草药，通过对其血清和免疫器官溶菌酶活力的测定发现，金银花、枸杞子等中草药均可增强鲤血清和免疫器官的溶菌酶活性，且金银花的作用效果比较显著。

超氧化物歧化酶（SOD）是鱼类机体内关键的抗氧化酶之一。许多研究表明，维生素 C 可提高胡子鲶（ *Claris fuscus* ）、大口黑鲈（ *Micropterus salmoides* ）和草鱼血清 SOD 活性。李小勤在实验中添加维生素 C 100～200mg/kg 也显著提高了草鱼血清 SOD 活性。

碱性磷酸酶（AKP）是生物体内的一种重要代谢调控酶，直接参与磷酸基团转移和钙磷代谢。有研究表明牙鲆、河蟹血清 AKP 活性随饲料维生素 C 添加量增加而升高；胡斌研究证明饲料中添加维生素 C 150～300mg/kg 显著提高了草鱼血清 AKP 活性。

综上所述，结合本实验结果，在饲料中添加免疫复合制剂可以明显提高血鹦鹉鱼的酶活性及抗应激能力，并且适宜投喂比例为 0.2%。

第二节　血鹦鹉鱼常见病害及其防治技术

一、车轮虫病

（1）**症状**　车轮虫的主要寄生部位是鱼体体表、鳃部等。发病时，鱼体分泌黏液，摄食减少，体质瘦弱，体表色泽渐渐变暗，表现呆滞，游泳迟钝且出现独游和浮头，有的成群围绕池边狂游，呈"跑马"状，病情严重时，会影响到鱼的生长和发育状况。车轮虫侵袭鱼体鳃部时，导致病鱼的鳃组织被破坏，鳃丝腐烂，致使其呼吸困难而死亡（彩图38）。

（2）**治疗方案**　特伦灭全池泼洒，浓度为 0.5～0.7mg/L；桉叶素每千克饲料添加 1g，连喂 5～7d。

二、指环虫病

（1）**症状**　该病常在鱼苗期间发病，对幼鱼的危害较大。发病初时，病症不显著，随着鳃部寄生虫数量的上升，鱼体鳃部黏液增多，变得浮肿，鳃丝组织被破坏，颜色灰白，鳃盖难闭合，体表变为黑色，摄食减少，表现呆滞，直到死亡（彩图39）。

（2）治疗方案 90%晶体敌百虫全池泼洒，浓度为 0.2～0.3mg/L；车轮指环净全池泼洒，浓度为 0.5～0.6mg/L。

三、斜管虫病

（1）症状 鱼体发病时瘦弱发黑，不摄食，游动迟缓，可在短期内大量死亡。养殖水体水质较差易引发斜管虫病的发生（彩图40）。

（2）治疗方案 特伦灭全池泼洒，浓度为 0.5～0.7mg/L。

四、小瓜虫病

（1）症状 发病初时，小瓜虫密集分布在病鱼的体表、鳃丝和鳍条上，肉眼可见有白色的点状囊泡，病鱼的鱼体表面充满黏液，形成一层较薄的膜，色白，此时的病鱼仍会摄食。患病几天后，鱼体表面黏液增加，颜色变暗且活动能力减弱，常浮于水面或游动迟钝，表现较呆滞。同时病鱼的摄食活动减少，导致病鱼体质偏于瘦弱。病鱼常在养殖池的池壁上摩擦，游动时身体渐渐失去保持平衡的能力，最终鳃丝发白，鳃组织坏死，因呼吸困难而死亡（彩图41）。

（2）治疗方案 在发病初期，将水温提高至30℃以上，并保持一周以上，发病鱼可逐渐恢复正常。

五、绦虫病

（1）症状 鱼体发黑离群独游、游动缓慢迟钝，身体消瘦、摄食量剧减，前腹膨胀，前肠形成胃囊状，肠内充满白色带状虫体。

（2）治疗方案 内服阿苯达唑，每千克饲料添加5g，连喂5～7d；内服吡喹酮，每千克饲料添加5g，连喂5～7d；用90%晶体敌百虫，每千克饲料添加50～100g，连喂4～6d。

六、细菌性烂鳃病

（1）症状 患病鱼鳃部黏液增多，黏液常充满鳃部，病情严重时不摄食，体质偏于瘦弱，鱼鳍边缘颜色逐渐变淡。随着病情加剧，病鱼鳃盖内表皮及鳃丝会出现充血，鳃瓣颜色变为灰白，逐渐腐烂且会有污泥附着，最后发展到全鳃，致使鱼体呼吸受阻而死亡。

(2) 治疗方案 全池泼洒二氧化氯，浓度为 $0.3\sim0.6mg/L$；每千克鱼日用氟哌酸 $10\sim30mg$，制成药饵，连续投喂 $3\sim5d$。

七、细菌性肠炎病

(1) 症状 常与其他疾病并发，如烂鳃病。患病鱼表现呆滞，游动迟钝，离群独游，鱼体颜色发黑，摄食减少但腹部膨大，肛门红肿，排便为白色的黏液，轻挤有黄色脓液。解剖时，鱼腹中积水明显，肠道内无食物且肠壁因充血而发红。

(2) 治疗方案 全池泼洒消毒剂二氧化氯，浓度为 $0.3\sim0.6mg/L$；或漂白粉（含有效氯 30% 左右），浓度为 $1mg/L$；每千克鱼用大蒜素 $0.1\sim0.2mg$，每天一次，连喂 $4\sim6d$；用土霉素拌饵投喂，每千克鱼每天 $100mg$，连喂 $4\sim6d$。

第七章

优质血鹦鹉鱼定向培育技术

第一节 "元宝级"血鹦鹉鱼定向培育技术

一、亲鱼养殖

(一)亲鱼选择

种鱼从原产地、良种场购入，1龄以上，体质量200g以上；体型正常，无病无伤，色彩艳丽，鳞片、鳍条完整。雌、雄比例为1∶1。经过5年不断选育、筛选，最终选育出一批较之前尖头率低甚至不出尖头的种鱼。

(二)亲鱼消毒

亲鱼放养前进行鱼体消毒，常用消毒方法为用5%的食盐水溶液或5～10mg/L高锰酸钾溶液浸洗5～10min。

(三)亲鱼挑选

亲鱼挑选为种鱼孵化的关键，因其子代性状不定向性太强，在选育时，其亲本有以下特征：红头丽体鱼母本整体体型较圆润，体长/体高较小，头部圆润，嘴部较短；红魔丽体鱼父本头部浑圆饱满，身体比例协调，嘴部较短。

(四)亲鱼去齿与术后培育

红头丽体鱼与红魔丽体鱼在繁育时有互咬及吃卵的情况，故在使用前先去齿。用钳子剪去其上下颚齿，之后浸浴于0.3%的食盐水溶液1d，以防伤口感染发炎。手术后亲鱼放入暂养池养殖一段时间。后将配对成功的亲鱼移入产卵缸中，每缸中放养一对亲鱼。

(五) 亲鱼繁殖

1. 产卵前准备

产卵缸水温控制在 28～31℃，保证产卵缸水质清新，溶氧 5mg/L 以上，pH 为 7.5～8.1，维持安静环境。在产卵缸内放置鱼巢，鱼巢使用瓦片的光滑面，面积约 0.04m²，鱼缸和鱼巢在使用前均用 15mg/L 高锰酸钾溶液浸泡消毒 2h。

2. 产卵

让亲鱼自然产卵，每 20d 左右产卵一次，每天及时将产完卵的鱼巢转入孵化缸。

(六) 日常管理

培育期间保持水质清新，溶氧 5mg/L 以上，pH 为 7.5～8.1，水温为 28～32℃。24h 保持光照强度在 1 000lx 左右。坚持早、中、晚巡查，观察亲鱼吃食、活动情况。

二、孵化车间养殖

(一) 孵化缸

种鱼产完卵后将产卵板放入孵化缸，加入 0.7mg/L 的硫酸铜溶液以防止水霉的产生。保持孵化缸内呈微流水状态，受精卵经约 72h 鱼苗破膜，破膜后及时将孵化缸内的死卵吸出。待卵黄囊消失，鱼苗平游时，开始投喂饵料。

(二) 孵化池

小鱼苗长至约 0.8cm 后，将小鱼苗从孵化缸转入孵化池。

(三) 投喂

鱼苗孵出 7d 后，投喂丰年虫（丰年虫卵经 24h 孵化出后，去掉丰年虫壳），日投喂 4 次，现孵现用。苗种全长 1.5cm 以上时，投喂粗蛋白含量 45% 以上的配合饲料，坚持少量多餐原则，每日投喂 8 次，上午下午各 4 次，每次间隔 1h，保证每日鱼苗的饱食度。

(四) 日常管理

培育期间，每天将池底/缸底的残饵、粪便等吸出，循环水一直开着，每天换一次水，换水量为 2/3，确保水质清新、溶氧 5mg/L 以上，pH 为 7.5～8.1，水温为 28～32℃。

三、鱼花阶段

从育苗车间转入温室大棚，直至第一遍挑选。养殖周期 25d 左右。放养密度为每亩放养 12 万尾。苗种生长到全长 3cm 时，可明显区分尖头，此时将尖头剔除，此阶段尖头比例约为 7%。

鱼花下塘后，温室大棚中拴 20 个小篮（小篮大小为 20cm×10cm）以投放甲鱼面料（甲鱼料粗蛋白≥42.0%、粗脂肪≥3.0%、粗纤维≤3.0%，甲鱼料诱食性非常强），每个小篮内面团直径为 7cm 为宜，结合鱼花大小和数量来定每日的投喂量，一般以 1.5h 内吃完为佳，面料投放 1h 后开始投喂面虫（枝角类为主、少量桡足类）或投喂粗蛋白含量 45% 以上的破碎配合饲料（饲料粗蛋白≥45.0%、粗脂肪≥4.0%、粗纤维≤6.0%），养殖至 17d 左右（视鱼实际情况而定），鱼苗生长至 3cm 左右即可更换饲料为 0.8mm 浮性颗粒料，20d 时浮性料基本稳定，投喂的甲鱼面料可停掉。

培育期间，每 15d 换一次水，换水量为 2/3，确保水质清新、溶氧 5mg/L 以上，水温为 30～32℃。鱼花养殖阶段是整个养殖过程最为关键的环节，为奠定基础的阶段。此阶段鱼的骨骼比较软，为定型的最佳时期，因此，此阶段的投喂原则是少量多餐，必须确保每天的投喂量。日投喂量约为体质量的 5%。

四、鱼苗阶段

鱼苗养殖阶段为挑完尖头后，养至 70d 左右第一次挑选白鱼黑鱼的阶段。放养密度为每亩放养 4 万～5 万尾。培育至全长 6～8cm 时，血鹦鹉鱼已经开始转色，全身黑色开始褪去，根据头型、体型、体色、斑点和嘴型的情况进行筛选，剔除体色全黑和品质不佳的个体，淘汰黑鱼比例一般 40% 左右，品质不佳的褪色比例一般 10% 左右，留养 50%。

鱼苗转入后，投喂粗蛋白含量 40% 以上的配合饲料（甲鱼料粗蛋白≥42.0%、粗脂肪≥3.0%、粗纤维≤3.0%），采用"四定"的投喂方式科学投喂。此养殖环节中前 20d 需调整投喂量，确保养殖苗大小均匀，在投喂过程中，饲料喷洒均匀，结合鱼的吃食状态调整喷洒量，切记不可有饲料浪费现象。后 50d 为速肥阶段，也需调整投喂量确保养殖苗的肥度，每天分 4 个时间点投喂，上午两次为 8：00 和 10：00，下午两次为 3：00 和 5：00，日投喂量约占体质量的 3%。如果投喂不足会造成苗大小不一，不利于后期饲料粒径的选择，还会造成养殖苗褪色率低、走形（血鹦鹉鱼讲究身形，尤其是头部的变化）等情况，而且一旦走形将无法挽回。

培育期间，每 15d 换一次水，换水量为 2/3，确保水质清新、溶氧 5mg/L 以上，水温为 30～32℃。鱼苗养殖阶段为整个养殖期的过渡环节，直接影响整个养殖过程中褪色的多少以及鱼型的好坏，是最重要的一环，决定着定向培育的成败。若水质不良会造成疾病的发生，用药后会导致鱼苗的生长速度明显下降、鱼苗翻鳃（严重影响其价值）。因此养殖过程中需确保养殖水体的水质，防控鱼病发生。

五、成鱼阶段

白鱼育肥及花鱼养殖阶段也是大棚定向培育产生元宝和财神的最终环节，养殖周期 60d 以上（视生产需要而定）。鱼种放养密度为每亩放养 2 万～4 万尾，水温维持在 28～30℃。花鱼挑选同鱼苗挑选。

（一）投喂

血鹦鹉鱼转入后，投喂粗蛋白含量 40% 以上的配合饲料（粗蛋白≥42.0%、粗脂肪≥3.0%、粗纤维≤3.0%），采用"四定"的投喂方式科学投喂。此养殖环节为速肥阶段，要调整投喂量确保养殖苗的肥度。如果投喂不足，好鱼会养成次鱼，销售价格直线下降，造成亏损。

（二）日常管理

培育期间，每 15d 换一次水，换水量为 2/3，确保水质清新、溶氧 5mg/L 以上，水温为 28～30℃。成鱼养殖阶段为整个养殖阶段最后一个环节，此阶段直接影响整个流程中鱼的品相，鱼的肥瘦也决定着产值的高低，此环节对销售至关重要。因此，此阶段的投喂必须保证鱼身体的健康度，投喂量必须足，整体投喂以稳步增长的趋势为最佳。确保养殖水体的水质，防控鱼病的发生。

六、水质管理

（一）水泥池养殖水质管理

采用循环流水养殖方式，并且配备水处理系统。应保持水质清新，溶氧 5mg/L 以上，pH 为 7.5～8.5。定期对水处理系统进行清洗及更换。

（二）温室大棚水质管理

养殖期间，保持水质清新，溶氧 5mg/L 以上，pH 为 7.5～8.5，勤开增氧机。每 15d 消毒一次，用氯制剂如二氧化氯 $2g/m^3$ 全池泼洒；溴氯海因 0.3～$0.6g/m^3$ 全池泼洒；三氯异氰脲酸（强氯精）0.1～$0.5g/m^3$ 全池泼洒；碘制剂如聚维酮碘 1～$1.5g/m^3$ 全池泼洒。

在温室大棚中水质变化是一个连续的过程，根据近年的实际养殖情况，通常在 10 月至翌年 4 月会有一个鱼病死亡的高峰。结合养殖实际情况特制订水质调控规范。

（1）清池和消毒 每当一批鱼出池后，应立即清理池底和排污沟，用水冲洗鱼池四壁及池底。然后放入热水浸泡一天，把水排掉后，池底留 20cm 深的水，用生石灰每亩 30～50kg 泼入池中浸泡 5～10h，然后排水加入新水待用。

（2）养水 新加入水后，测水体 pH，若 pH 为 7.5～8.5 则表示正常，如果 pH 低于 7.5，可用生石灰进行调节，直至 pH 正常为止。加入的井水，必须经过养水和肥水，待水色为淡绿色，透明度为 30cm 左右，水质保持清洁无味，方可放苗入池。

（3）供温、调温设备的检查 首先检查供温、调温设备是否完好，然后进行预温，水温为 28～30℃。

（4）肥水 可施放活生物肥水素进行肥水；或经过发酵的鸡粪每亩用 50kg 肥水；偏瘦水体要快速肥水可施磷肥，以磷酸二氢钙为最佳，或尿素＋磷酸二铵以 1∶1 的比例每亩施用 5kg。

（5）调水 经常对水质进行测定，观察水色、气味，掌握水的透明度，按日常管理要求进行水质监测，包括 pH、氨氮、溶解氧、亚硝酸盐、硫化氢等指标。

七、元宝血鹦鹉鱼选育技术要点

现今市场上最为火爆的血鹦鹉鱼为元宝血鹦鹉鱼，元宝血鹦鹉鱼的头背部交接部位不像普通血鹦鹉鱼那样凹陷很多，而是比较圆滑的弧线直接过渡下来，身体明显短圆，肚大，更为好看。

鱼苗挑选阶段时基本长至 8cm，此时体长/体高（1～1.1）：1，嘴部不尖，头背部交接部位无凹陷。选取此种类型的鱼进水泥池育肥，放养密度为 50 只/m³。

进入水泥池育肥的鱼，保证溶氧 5mg/L 以上，水质清洁，育肥时间 50d 左右。进入挑选环节，选取背部肌肉明显变厚，头背部交接部位无凹陷的鱼继续养殖，此环节的挑选比例一般为 80%。

再继续育肥 2 个月，小元宝血鹦鹉鱼长至 12cm。如若再继续养殖，则在挑选的时候，去掉比例失调的、下颚部有明显凹陷的、鳃盖有问题的和全黑眼球的个体，继续养殖即可养成非常漂亮的元宝血鹦鹉鱼。

第二节　"财神级"血鹦鹉鱼定向培育技术

财神鹦鹉一般体型较大，头部有明显的肉瘤凸起，肉瘤的高度能超过背部；元宝鹦鹉体型比较圆润。两类血鹦鹉鱼品种均为价值较高且美观的热带观赏鱼，而财神鹦鹉价值更高。除去血鹦鹉鱼亲本基因影响外，采取以下养殖方法进行定向培育财神鹦鹉。

一、鱼花培育阶段

鱼花从育苗车间转入温室大棚，养殖周期为 25d 左右；放养密度为每亩放养 12 万尾。鱼花下塘后，开始投喂"面虫"（以枝角类和桡足类为主，枝角类占 80% 以上）或投喂配合饲料（水分≤7.0%、粗蛋白≥45.0%、粗脂肪≥8.0%、粗纤维≥5.0%、粗灰分≤12.0%），养殖至 17d 左右，更换为直径为 0.7mm 的浮性颗粒饲料（水分≤10.0%、粗蛋白质≥43.0%、粗脂肪≥7.0%、粗纤维≥6.0%、粗灰分≤12.0%）。

在培育过程中，当血鹦鹉鱼生长至全长（3±0.5）cm 时，进行第一次挑选，将尖头剔除掉。

日常投喂尽量以鲜活饵料"面虫"为主，因为财神鹦鹉养殖周期一般在一年以上，而配合饲料蛋白过高，对血鹦鹉鱼肝脏影响较大，故而前期以鲜活饵料为主。

二、鱼苗培育阶段

为从挑完尖头，养至70d第一次挑选白鱼的阶段。

血鹦鹉鱼放养密度为每亩放养4万～5万尾；鱼苗转入后，投喂浮性配合饲料（水分≤10.0%、粗蛋白≥40.0%、粗脂肪≥5.0%、粗纤维≤5.0%、粗灰分≤15.0%），采用"四定"的投喂方式科学投喂。

此养殖环节中前20d需调整投喂量，确保养殖苗的大小均匀，在投喂过程中，饲料喷洒要均匀，结合鱼的吃食状态来调整喷洒量，不能有饲料浪费现象。

后50d为速肥阶段，调整投喂量确保养殖苗的肥度，每天分4个时间点投喂，为上午8：00和10：00及下午3：00和5：00，日投喂量占体质量的3%；如果投喂不足将会造成苗大小差距加大，不利于后期饲料粒径的选择，还会造成养殖苗褪色率低、走形，而且一旦走形将无法挽回。

培育期间，每15d换一次水，换水量为2/3，确保水质清新、溶氧5mg/L以上，水温为28～30℃。

在培育过程中，当血鹦鹉鱼培育至全长6～8cm时，已经开始转色，全身黑色开始褪去，根据头型、体型、体色、斑点和嘴型的情况进行筛选，剔除体色全黑和畸形个体及老头苗。

三、成鱼培育Ⅰ阶段（8～10cm）

为大棚定向培育财神血鹦鹉鱼的初步起头阶段。

养殖过程中每60d挑选一次，鱼种放养密度为每亩放养3.5万～4万尾，水温维持在28～30℃；血鹦鹉鱼转入后，投喂越群浮性配合饲料（水分≤10.0%、粗蛋白≥40.0%、粗脂肪≥5.0%、粗纤维≤5.0%、粗灰分≤15.0%），采用"四定"的投喂方式科学投喂。

血鹦鹉鱼长至10cm时，会有极少部分血鹦鹉鱼起头，此时养殖棚内血鹦鹉鱼体色基本为淡黄色。进行分选时，选取全部褪色至淡黄色、体色发亮、无伤、活力较好、体长/体高在1：（1～1.1）的血鹦鹉鱼定向培育，体型较差的血鹦鹉鱼直接上市销售。

四、成鱼培育Ⅱ阶段（10～13cm）

为大棚养殖财神鹦鹉定向选育初步筛选阶段。

养殖周期为100d，鱼种放养密度为每亩放养2.5万～3万尾，水位保持在1.5m以上，水温维持在28～30℃；血鹦鹉鱼转入后，投喂越群浮性配合饲料（水分≤10.0%、粗蛋白≥40.0%、粗脂肪≥5.0%、粗纤维≤5.0%、粗灰分≤15.0%），采用"四定"的投喂方式科学投喂。

此养殖环节为财神鹦鹉初步筛选阶段，选取体高/体长为1：（1.2～1.4）的血鹦鹉鱼进行财神鹦鹉定向培育，其余血鹦鹉鱼上市销售。

五、成鱼培育Ⅲ阶段（13～16cm）

为大棚养殖财神鹦鹉定向培育正式阶段。

养殖周期为120d，鱼种放养密度为每亩放养1.5万～2万尾，水位保持在1.5m以上，水温维持在28～30℃；血鹦鹉鱼转入后，投喂越群浮性配合饲料（水分≤10.0%、粗蛋白≥40.0%、粗脂肪≥5.0%、粗纤维≤5.0%、粗灰分≤15.0%），采用"四定"的投喂方式科学投喂。

此养殖环节为财神鹦鹉筛选阶段，经过一轮养殖后，财神鹦鹉基本成型，选取头部跟背部的连接处有一个下凹，额部隆起个包的财神鹦鹉转入水泥池育肥。

出池打网、挑选、转运过程中，动作要轻，水温差不超过2℃，转运密度不可过大。

六、成鱼培育Ⅳ阶段（16cm以上）

为财神鹦鹉后期培育阶段，转入水泥池进行育肥。

养殖过程中每90d挑选一次，鱼种放养密度为每100m²放养1000尾，水位保持在0.8m以上，水温维持在28～30℃；财神鹦鹉转入后，投喂金大地软颗粒料（水分≤10.0%、粗蛋白质≥42.0%、粗脂肪≥3.0%、粗纤维≤3.0%、粗灰分≤19.0%），采用"四定"的投喂方式科学投喂。

此养殖环节为增肥阶段，要保证投喂量以确保财神鹦鹉的肥度；注意日常换水温差不超过2℃；日常清污时不要引起财神鹦鹉应激反应，避免水头缩掉。

七、成鱼培育实例

（一）成鱼培育Ⅱ、Ⅲ阶段（10～16cm）实例

2018年5月10日，挑选A级血鹦鹉鱼（规格为11～13cm）3.6万尾于温室养殖大棚（2亩/池）进行养殖，放养密度为每亩放养1.75万尾。

经过4个多月的养殖，于2018年9月15日出池打网，出池情况见表7-1。

表7-1　出池情况

品种	规格（cm）	数量（尾）	单价（元/尾）	金额（元）
财神鹦鹉	14～16	4 519	40	180 760
血鹦鹉鱼（AA）	13～15	7 731	14	108 234
血鹦鹉鱼（A）	13～15	11 597	9	104 373
血鹦鹉鱼（B）	13～17	4 243	8	33 944
合计		28 090		427 311

财神鹦鹉出池4 519尾，占总出池量的16.09%；销售收入180 760元，占总收入的42.3%。

养殖生产成本见表7-2。

表7-2　养殖生产成本

品种	鱼成本（万元）	饲料费（万元）	水电费（万元）	渔药（万元）	其他（万元）	合计（万元）
血鹦鹉鱼	25.2	5.25	0.6	0.6	0.8	32.45

通过养殖，除去养殖生产成本，可累计产生收益10.28万元，养殖过程中鱼因病造成一段时间吃食量不佳，整体生长速度不是太好，但也可以看出财神鹦鹉的投入产出比是非常可观的。

（二）成鱼培育Ⅲ阶段（13～16cm）实例

2017年12月23日，挑选A级血鹦鹉鱼（规格为12～14cm）3.3万

尾于温室养殖大棚（2 亩/池）进行养殖，放养密度为每亩放养 1.65 万尾。

经过 3 个月的养殖，于 2018 年 3 月 25 日出池打网，出池情况见表 7-3。

表 7-3 出池情况

品种	规格（cm）	数量（尾）	单价（元/尾）	金额（元）
财神鹦鹉	15～17	7 349	50	367 450
血鹦鹉鱼（AA）	14～16	6 544	17	111 248
血鹦鹉鱼（A）	14～16	9 775	10	97 750
血鹦鹉鱼（B）	13～15	4 314	7	30 198
合计		27 982		606 646

财神鹦鹉出池 7 349 尾，占总出池量的 26.26%，销售收入 367 450 元，占总收入的 60.57%。

养殖生产成本见表 7-4。

表 7-4 养殖生产成本

品种	鱼成本（万元）	饲料费（万元）	水电费（万元）	渔药（万元）	其他（万元）	合计（万元）
血鹦鹉鱼	26.4	4.15	0.4	0.4	0.6	31.95

通过养殖，除去养殖生产成本，可累计产生收益 28.71 万元，其中财神鹦鹉的投入产出比是较高的。

第八章

血鹦鹉鱼绿色高效
养殖模式开发与应用

血鹦鹉鱼是热带观赏鱼中最为畅销的品种，本研究构建了血鹦鹉鱼绿色高效养殖技术模式 7 种，对推动血鹦鹉鱼产业的发展具有积极作用，现介绍如下。

第一节　血鹦鹉鱼高密度养殖技术

一、池塘建设

（一）池塘情况

1 500m²，长度 25m、宽度 60m、池深 1.6m，采用 HDPE 防渗膜满池铺底和池埂，池塘中间设排污沟和排水管，排水管与排污渠相连接，用插管堵水。

（二）增氧设施

每池配置 0.75kW 水车式增氧机 2 台，1.5kW 底部微孔增氧曝气系统 1 套。

（三）加温系统

设置 U 形加温管，地下热水通过 U 形管的散热传递热量，使养殖池水升温。

（四）温棚建设

池塘中间每 4m 立一根水泥柱，下埋 1m 并用水泥墩固定，上部 5m。

用 75mm 铁管连接。塘的四周用钢砼围成固定地梁，并配置锚钩，用钢丝拉顶，盖尼龙薄膜。具体见图 8-1。

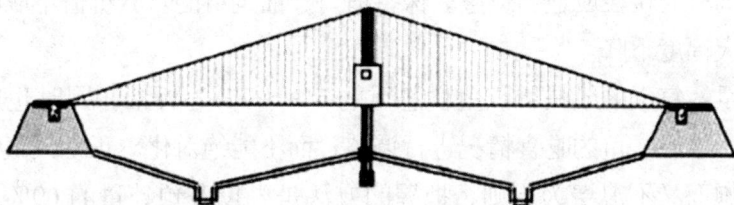

图 8-1 温棚结构

（五）水处理装备

配置百傲能生物基作为生物包，每池放置 500m²。

二、养殖管理

（一）池塘消毒

鱼苗放养前 7～15d，用清水冲洗池塘，然后加水 1～1.2m。加水后按照每 1 000m² 用生石灰 150kg，水发后趁热匀浆泼洒。进水时用 40 目以上滤网过滤，防止野杂鱼混入池塘。

（二）投放鱼种

消毒后 4～5d，将水温调整到 25℃以上时可放鱼种入塘，鱼种下塘前先试水，以确保消毒药物毒性已消失。每 1 000m² 投放全长 2.5cm 左右的鱼种 8 万～10 万尾。鱼种下塘前对鱼体进行消毒，一般用 3% 的食盐水浸浴 5～8min，或 5mg/L 聚维酮碘浸浴 10min。

（三）饲料投喂

血鹦鹉鱼食性杂，人工饵料、薄片、颗粒、红虫、丰年虾、水虱等几乎什么都吃，而且相当贪吃，因此要养活血鹦鹉鱼很容易，但要养出体质健壮、体色艳的血鹦鹉鱼却不是容易的事。每天要定时定量投喂饵料，合理搭配饵料。大规模商品鱼养殖，采用天然饵料和颗粒饲料相结合。

天然饵料为桡足类和枝角类，每天投喂一餐，投喂前用 5% 的盐水浸泡 30min 后投喂。每天的投喂量以 0.5h 内吃完为宜。人工饲料采取"四定"方针，即定质、定量、定时、定位。

定质：选用高档海水鱼料或血鹦鹉鱼专用料为血鹦鹉鱼人工饲料，具体要求：规格 2～3cm 用 0♯料，蛋白质含量≥40%，粒径≤1.5mm；4cm 以上用 1♯料，蛋白质含量≥38%，粒径≤2.0mm。随着鱼体进一步生长，饲料的粒径应适当调整，保持适口，而饲料的营养价值不应随鱼体生长而大幅度下降。

定量：每天的投喂量以鱼体总重的 5%～7% 为标准，同时也应该根据天气、水温、鱼的吃食情况进行调整，而不能绝对化。正常天气条件下以鱼吃饱而又不浪费为原则，把握的方法是先投喂预计量的 60%，观察从开始摄食至摄食完毕或停止摄食的时间，如果 15min 内摄食完，说明还应增加，如果 30min 后还有饲料漂浮说明已过量，即使其仍未停止摄食，下次也应该将投喂量减少。

定时：每天喂 3 餐，喂食时间一般为上午 8：00（天然饵料）、下午 2：00、下午 6：00，夏季水体表层温度高于 32℃后定为每日上午 8：00、下午 6：00 各一餐。

定位：在池塘进门处，用 75mm 直径的 PVC 管搭建规格为 4m×4m 的四方形浮性饲料架一个，天然饵料和配合饲料均在此料台投喂。

（四）水质调控

水质调控是高密度养殖十分重要的环节。通过有效的手段，将水质各个指标始终控制在合理范围内。主要手段有：①定期投放枯草芽孢杆菌、光合细菌，定期添加葡萄糖，补充碳源，有利于生物膜生长和维持，将氨氮控制在 0.5mg/L 以下，亚硝酸盐控制在 0.2mg/L 以下。②定期投放生石灰，控制 pH 稳定在 6.5～7.0。③定期排污。④维持高溶氧水平，由于血鹦鹉鱼先天性嘴唇不能闭合，对水流的吞吐控制能力较差，经过鳃部的水流较小，因此，饲养血鹦鹉鱼的水体必须要有充足的氧气，溶氧必须保持在 5mg/L。血鹦鹉鱼耐低氧能力差，但是由于个体小，池塘养殖密度不大，而且活动并不剧烈，所以耗氧量并不大，但也要时刻注意溶解氧的变化；一般不需要开机增氧，但是应该以连续的每天凌晨巡塘观察没有发生浮头为基本保证，如果天闷、阴雨或夏日温度过高，应该在每天夜间开机增氧，以避免突发性损失。⑤适当换水控制藻相。虽然血鹦鹉鱼并不直接摄食藻类，但保持水体肥度适中同样重要。对于较难控制肥度的池塘，当水体保持油绿色且透明度在 35～40cm 时，不论偏肥或偏瘦，都应每半个月换水一次，每次换水量 30%～50%，夏日高温季节，应每周冲水一次。

（五）增色

血鹦鹉鱼只有通过增色才有商品价值，且只有褪尽黑色素才能增色，体长在 6cm 后均可增色。增色主要通过投喂为血鹦鹉鱼特制的人工饲料来控制，这种添加了虾青素和类胡萝卜素的饲料，直接投喂不但方便而且可以使血鹦鹉鱼的体色更加鲜艳好看，可适当投喂鲜活的小虾、小鱼。

（六）越冬期管理

11 月中旬是我国大部分地区换季时间，水温明显下降。血鹦鹉鱼耐受的最低温是 13℃，而 18℃以下不但生长停滞，而且容易发生疾病，一旦发病难以治愈。水温下降到 25℃时，开启温泉水加热系统，即使在寒冬腊月，也必须使水温保持在 20℃以上，实际上，26～28℃是越冬期最理想的水温。

三、疾病防治

对于血鹦鹉鱼而言，如同大多数的养殖鱼类那样，疾病防治要遵循以防为主的原则，而一旦发生疾病，也应及早发现、及时治疗。血鹦鹉鱼抗病能力比较强，受疾病危害较少，但是管理上的疏忽导致疾病暴发、造成严重损失的情况也时有发生，较为常见的疾病及其防治方法如下：

（一）车轮虫病

5—8 月，水温 22～29℃易发生，病鱼体表分泌大量黏液，鳃组织腐烂，体色发黑。防治方法：①硫酸铜和硫酸亚铁合剂（5∶2）0.5～0.7g/m³，全池泼洒；②2%食盐溶液浸洗 15min 以上，或用 8mg/L 硫酸铜溶液浸洗 20min，每隔 2d 使用一次。

（二）小瓜虫病（白点病）

5—6 月，水温 20～25℃易发生，病鱼体表、鳍条或鳃布满白点。水温偏低时容易发生小瓜虫病，不论大鱼小鱼都可能感染此病，小鱼受危害的情况更普遍，造成的损失也更大，主要是因为放养鱼苗的季节水温还没有达到理想的区间，养殖者为了使鱼苗更早养成，大多采取"赶早不赶晚"的策略，而春季天气多有反复，阴雨、短期的回冷都会造成鱼苗大面积感染小瓜虫。所以，预防的主要措施是：南方多阴雨的地区，池塘水温没有达到25℃时，暂时不要放苗下塘，宁可在室内多等几天；北方地区阴雨天少，选择晴好天气在上午10：00左右放苗，只要当时水温在23℃以上都问题不大。一旦发生小瓜虫病，提高水温是医治的必要手段，如果能将水温提升到30℃，则不需下药此病自愈，如水温不能提高到30℃，至少要提高水温到25℃，然后向水体（水泥池或玻璃缸）中加盐，使水的盐度达到3～5；泼洒福尔马林，使其浓度达到20mL/m³，有一定的抑制作用；一些中草药制剂能够抑制甚至杀灭小瓜虫，前提是水温必须达到25℃。防治方法：①用3.5%的食盐和1.5%的硫酸镁浸浴15min；②用干辣椒粉0.38g/m³与生姜片0.15g/m³，混合加水煮沸30min后全池泼洒。

（三）指环虫病

5—8月多见，水温20～25℃易发生，病鱼体表分泌大量黏液，鳃组织腐烂、鳃瓣浮肿，呈灰白色，体色发黑。防治方法：①用0.2～0.4g/m³的90%晶体敌百虫，化水全池泼洒；②用20mg/L高锰酸钾溶液浸浴病鱼10～15min。

（四）细菌性肠炎

水温25～30℃时易发生，病鱼拖便，肛门红肿，轻压腹部有黄色黏液或脓血从肛门流出。防治方法：①用0.2～0.3g/m³二氧化氯，全池泼洒2～3次；②每50kg饲料添加大蒜素50g拌匀投喂，连喂3～5d；③每100kg鱼用干地锦草250g或鲜地锦草2kg，水煮30min，将药液拌入饲料内投喂，连喂3～6d。

（五）鳔囊炎

鳔囊炎是血鹦鹉鱼比较常见的疾病。鳔囊炎的症状是鱼的腹部膨胀，鱼失去垂直平衡能力，腹部朝上漂浮于水面而无法翻转或下潜，患鱼仍能进食，病症维持数十日乃至数月而亡。丽鱼科的鱼类没有独立的鳔囊，其腹部内隔膜将腹腔上部隔离成一个气腔，通过调节气腔的大小，起到调控整体比重的作用，故气腔隔膜的作用如同鳔囊。气腔隔膜或隔膜内的其他组织比如肌肉和肾脏的炎症，可能导致气腔充气并影响隔膜的功能，造成鱼体失去平衡、无法下潜。因此，治疗鳔囊炎的关键是消除腹腔的炎症，难点是消炎药物难以送达病灶部位。外用药受鱼体皮肤、肌肉的阻隔难以对身体中心部位产生作用，而隔膜血管很少，肌肉注射的药物也难以到达。唯一有效的办法是将鱼移入鱼缸中，直接注射药物至腹隔膜上的空腔，同时在腹鳍悬挂坠物，使鱼身体顺过来避免加重腹隔膜的疲劳，数日后可消除炎症，解除坠物。

（六）烂鳃病

鳃丝由鲜红变成苍白，由外缘开端糜烂、脱落。鳃盖骨内充血，中心骨坏死脱落。鳃丝之间黏膜增长，呼吸困难，轻者浮于水面，重者沉箱底很快死亡。有的鱼并发肠炎，解剖肠出血，亦有溃烂的斑块。轻者有食欲，重者无食欲。病原体为黏球菌，传染途径主要是病鱼。从商店购买鱼易带此病。金鱼、热带鱼都易得此病，不易根治。常常并发肠炎，有时不出现任何症状鱼即死掉，只有撬开鳃盖或解剖后，才能确诊此病。死亡率一般为 50%～60%，有时高达 80%。医治：个别鱼得病时捞出淘汰；如普遍患病，全池洒药，停食 4～5d。可用青霉素，90cm×45cm×60cm 鱼缸 1 次用 80 万 U，上、下午各 1 支，3d 为一个疗程。一般 2 个疗程即愈。

（七）黑斑病

血鹦鹉鱼变黑和出现黑斑有几种可能。

（1）血鹦鹉鱼受到惊吓会出现黑斑，一段时间后可消失。

（2）血鹦鹉鱼喜欢老水，如果刚换水出现这种情况，可能是水质不适的原因。一般应该马上把水换掉，重新调节好水质，要与以前相似。

（3）血鹦鹉鱼在生长的过程中有时候会出黑斑，但过一段时间后会减退。注意水质和饲料，想要血鹦鹉鱼色彩更美，就要多喂些虾或增红饲料。

第二节　血鹦鹉鱼室外池塘养殖技术

一、材料与方法

（一）池塘条件与设施

养殖血鹦鹉鱼的池塘为两个面积 5 亩的长方形池塘，分别为塘一、塘二，池塘的正常水位为 1.5m，池底平坦。池塘配 1.5kW 叶轮式增氧机 1 台、1.5kW 水车式增氧机 1 台、投饵机 1 台，水源利用基地附近牛家牌镇袖珍河水，河水经 80 目筛过滤后使用。

（二）清塘

池塘由于常年未清淤，淤泥比较厚，于 5 月 15 日开始清淤，清淤之后曝晒。一周后，池塘留水 10cm 左右，每亩用生石灰 100kg 化浆后全池泼洒，并将生石灰与淤泥尽量混合在一起，以杀死寄生虫、病原菌及野杂鱼并改良底质。

（三）进水调水

6 月 12 日注入经过 80 目筛绢网过滤的河水 1m 左右，后期随着养殖的需求增加水深至 1.5m 左右。血鹦鹉鱼对水质的要求并不是太高，但一定要控制好养殖水体的 pH，泼洒水质调节剂，调节水质使池水透明度维持在 25～40cm，pH 在 6.0～7.5。

（四）苗种投放

6 月 23 日，经筛选后，挑选 8～10cm 规格的血鹦鹉鱼 4.4 万尾放于塘一，放养密度约为 9 000 尾/亩；7 月 16 日，经筛选后，挑选 10～13cm 规格的血鹦鹉鱼 3.4 万尾放于塘二，放养密度约为 7 000 尾/亩。鱼种下塘前进行鱼体消毒，用 3% 的食盐水浸浴 5～8min。用水箱运送鱼种，下塘前确保水箱和室外池塘水温温差不超过 2℃。

（五）饵料投喂

饲料选择天祥昌翠沉性饲料（料号 3.0），在池塘北岸边中间设一投饵台，每天投喂 4 次，分别在上午 7：00、10：00 和下午 2：00、4：00 投喂，每天的投喂数量以鱼体总重的 5%～7% 为标准定量，同时根据天气、水温、鱼的吃食情况进行调整。正常天气条件下以鱼吃饱而又不浪费为原则，并开增氧机 1h。因沉性饲料不易观察，需定期在投饵区检查池底有没有残饵。

（六）水质管理

由于池塘大，养殖密度小，所以耗氧量并不大。养殖期间经过调节，水色良好，气候条件比较正常，一般不需要开机增氧，但是也应连续每天凌晨巡塘观察有无发生浮头现象，其间如果天闷、阴雨或夏日温度过高，应在每天夜间开机增氧，以避免突发性损失。

养殖过程中水质调节非常重要，每 20d 换水 1 次，每次换水量约 1/3，夏日高温季节，每天加注新水，每次添加 3cm，每 3d 检测溶氧、氨氮、亚硝酸盐、pH 等各项理化指标，做好生产记录。

（七）疾病防治

血鹦鹉鱼抗病能力比较强，受疾病危害相对较少，但是若日常管理不到位，也会导致疾病暴发，造成严重损失，所以，针对血鹦鹉鱼疾病防治，要遵循以防为主的原则，一旦疾病发生，应早发现，早治疗。

养殖期间，每半个月消一次毒，消毒剂二氧化氯、溴氯海因、强氯精等交替使用；因投喂饲料的营养过高会导致血鹦鹉鱼的肝脏受损，故每个月定期投喂护肝的药料一次，一次喂 5～7d。定期泼洒微生态制剂来调节水质。其间基本没有伤亡鱼。

二、试验结果与经济效益分析

经过 3 个月的外塘养殖，2016 年 9 月 24 日塘一出池，9 月 30 日塘二出池，养殖成本见表 8-1。

表 8-1 血鹦鹉鱼外塘养殖成本

项目	面积（亩）	苗种费（万元）	饵料费（万元）	药费及其他费用（万元）	总投入（万元）
塘一	5	17.6	4	1.34	22.94
塘二	5	18.7	5	1.38	25.08

经过 3 个月的养殖，血鹦鹉鱼的规格长至 10～15cm，其中塘一出池的血鹦鹉鱼（入池规格为 8～10cm）规格为 10～13cm，均价 8 元/尾，"元宝级"血鹦鹉鱼占 1/4 左右；塘二出池的血鹦鹉鱼（入池规格为 10～13cm）规格为 12～15cm，均价 10 元/尾，"元宝级"血鹦鹉鱼约 8 000 尾。经济效益见表 8-2。

表 8-2 血鹦鹉鱼外塘养殖效益

项目	面积（亩）	产量（尾）	单价（元）	总产值（万元）	总效益（万元）	每亩效益（万元）
塘一	5	42 000	8	33.6	10.66	2.13
塘二	5	32 000	10	32	6.92	1.38

三、小结

（1）室外池塘养殖比温室大棚养殖血鹦鹉鱼在整个养殖周期中更有优势，室外池塘藻类丰富，溶氧充足，含有丰富的天然饵料，有利于血鹦鹉鱼的生长，而且更有利于血鹦鹉鱼的增色，室外池塘养出的血鹦鹉鱼体色比较艳丽。

（2）整个室外养殖周期中产生的生产成本如承包费、水电费以及所配备的增氧设备等相对于温室大棚养殖成本要少得多，可以在一定程度上降低血鹦鹉鱼养殖成本。

（3）血鹦鹉鱼属于热带鱼，需要一定的热源，利用夏季高温季节，投放血鹦鹉鱼在室外池塘进行养殖，降低了血鹦鹉鱼的养殖局限性，而且血鹦鹉鱼比常规鱼类利润可观，非常适合小规模池塘养殖。

第三节　血鹦鹉鱼温室设施化循环水养殖技术

一、材料与方法

（一）设施化循环水养殖系统

本系统内置 6 个相同大小、并列的养殖池，每个养殖池规格为 14m×13m×1m，每池养殖水体深度为 0.65m，养殖容量为 118m³。每两个相连的池子采用斜对角的方式用直径 15cm 的双管道在水泥池一侧距离底部 10cm 进行串联，其中编号为 A、B、C、D、E 的养殖池用来养殖血鹦鹉鱼，F 池用来集中处理养殖用水，构建血鹦鹉鱼工程化养殖系统。为防止车间里的热源损失，在 F 池中设置加热管道（地下热水循环）对养殖用水进行加热处理，通过输水泵（0.5kW）管道输送热水到 A 池，形成水流，促使养殖用水先后自流到 B 池、C 池、D 池、E 池，然后通过抽水泵（0.5kW）将 E 池中的养殖用水抽到集中处理 F 池一侧上方的水处理系统，水处理系统由生化棉、一级陶粒、二级陶粒三级处理区（图 8-2）组成，每个处理区的大小为 3.0m×1.0m×0.3m，其中生化棉、陶粒均放在填料箱中，二级陶粒底部高于水面 20cm，填料箱的底板为多孔板，孔与孔之间的中心距为 1.0～2.0cm，陶粒由炉渣制成。处理后的水通过塑料箱底部的溢水孔流到 F 池中进行加温，然后再抽到 A 池中进行循环。养殖用水由抽水泵（20kW）从水井中抽取进入养殖系统，每天抽 1h。图 8-3 为整体系统示意图。

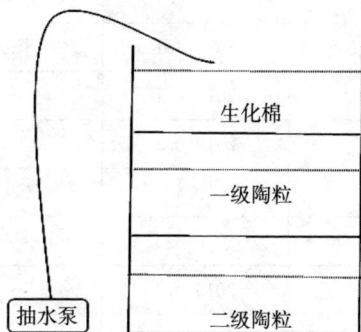

图 8-2　水处理系统示意图

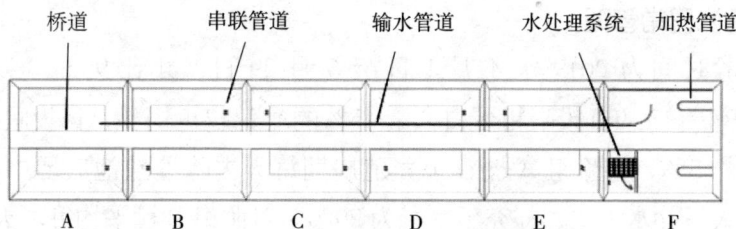

图 8-3　血鹦鹉鱼设施化循环水养殖温棚设施图

（二）传统养殖系统

对照组养殖车间大小、内置池子数量及规格和水源与设施化循环水养殖车间一致。对照组为单池子循环系统，每个池子配 1 个抽水泵（0.5kW），5 个养殖池共配 5 个抽水泵，循环系统由生化棉、一级陶粒、二级陶粒三级处理区组成，每个处理区的大小为 1.0m×0.4m×0.3m，添加的生化棉和填料同设施化循环水养殖系统。养殖用水用抽水泵（20kW）从外井中抽取到车间蓄水池中进行加温和曝气，每天蓄水 2h，再由抽水泵（0.5kW）提升到输水管道中进行日常补水。

（三）苗种投放

实验组和对照组投放的血鹦鹉鱼均为 A 级鱼。具体投放的规格和数量见表 8-3。

表 8 - 3 血鹦鹉鱼放养的规格和数量

棚号	池号	时间	规格（cm）	数量/尾
A 棚 （实验组）	A* 池	2019.4.1	8～10	4 000
	B* 池	2019.4.1	8～10	4 000
	C* 池	2019.4.1	8～10	4 000
	D* 池	2019.4.1	10～12	2 800
	E* 池	2019.4.1	10～12	2 800
B 棚 （对照组）	A 池	2019.4.1	8～10	3 300
	B 池	2019.4.1	8～10	3 300
	C 池	2019.4.1	8～10	3 400
	D 池	2019.4.1	10～12	3 400
	E 池	2019.4.1	10～12	3 400

（四）日常管理

实验时间为 2019 年 4 月 1 日至 6 月 29 日，共计 90d。每天上午 9：00、下午 3：00 投喂粗蛋白含量 45% 的血鹦鹉鱼饲料，日投喂鱼池鱼体质量的 5%，实验组 A 棚整个养殖周期每天去除养殖池底层中的排泄物，每天只补水 1 次，补充新水量为 20%。对照组 B 棚平均每两天换水 1 次，换水量为池水的 50%～60%。

二、结果与分析

（一）养殖系统运行情况

在整个养殖周期，A、B 棚养殖系统运行正常。两棚水温始终维持在 26～28℃，溶氧在 6mg/L 以上，pH 稳定在 7.80～8.25，氨氮、亚硝酸盐氮分别维持在 0.8mg/L、0.1mg/L 以下。养殖 90d，A 棚养殖血鹦鹉鱼的成活率为 96.6%，比 B 棚高出 1.06 个百分点。

（二）养殖成本情况

血鹦鹉鱼养殖成本主要由电费、饲料费、鱼种费、人工费构成。养殖用水使用只收取电费，不另收额外费用。A 棚电费成本：2.2kW 鼓风机 1 台和 0.5kW 循环泵 2 台，每天 24h 全开；20kW 抽水泵 1 台，每天开 1h；

参照当地电价 0.6 元/（kW·h），所需电费为 5 227 元。投喂饲料 1.56t，单价为 11 900 元/t，饲料成本为 18 564 元；单棚人工成本为 4 000 元；血鹦鹉鱼种 8～10cm 为 4 元/尾，10～12cm 为 6 元/尾，鱼种费用共计为 81 600 元。A 棚养殖费用总计为 109 391 元。

对照组 B 棚电费成本：2.2kW 鼓风机 1 台和 0.5kW 循环泵 6 台，每天 24h 全开；20kW 抽水泵 1 台，每天开 2h，参照当地电价 0.6 元/（kW·h），所需电费为 8 899 元。投喂饲料 1.64t，单价为 11 900 元/t，饲料成本为 19 516 元；单棚人工成本为 4 000 元；血鹦鹉鱼种 8～10cm 为 4 元/尾，10～12cm 为 6 元/尾，鱼种费用共计为 80 800 元。B 棚养殖费用总计为 113 215 元。

（三）养殖结果及效益情况

经过 90d 的养殖，参照国家标准《观赏鱼分级规则 血鹦鹉鱼》（GB/T 30946—2014），养殖结果如表 8-4 所示，A 棚出产的 AAA 级、AA 级和 A 级血鹦鹉鱼的比例分别为 19.70%、35.78% 和 29.64%，分别比 B 棚高 4.1%、3.07% 和 1.87%；A 棚出产返黑现象血鹦鹉鱼和 B 级血鹦鹉鱼的比例分别为 13.19%、1.69%，分别比 B 棚低 2.23%、6.81%。

表 8-4　血鹦鹉鱼养殖结果及效益分析

棚号	出鱼品级	规格(cm)	数量(尾)	比例	总比例	单价(元)	销售额(元)	成本(元)	利润(元)
A 棚	AAA	13～14	3 350	19.70%	19.70%	15	50 250	109 391	46 691
	AA	10～11	1 936	11.39%	35.78%	7	13 552		
		11～12	2 130	12.53%		8	17 040		
		12～13	1 384	8.14%		10	13 840		
		13～14	481	2.83%		13	6 253		
		14～15	151	0.89%		16	2 416		
	A	10～12	2 409	14.17%	29.64%	6	14 454		
		12～14	2 534	14.90%		8	20 272		
		14～16	96	0.57%		12	1 152		
	返黑	11～15	2 243	13.19%	13.19%	7	15 701		
	B	11～15	288	1.69%	1.69%	4	1 152		
	总计		17 002		100%		156 082	109 391	46 691

（续）

棚号	出鱼品级	规格(cm)	数量(尾)	比例	总比例	单价(元)	销售额(元)	成本(元)	利润(元)
B棚	AAA	13~14	2 503	15.60%	15.60%	15	37 545		
	AA	10~11	1 756	10.94%		7	122 92		
		11~12	1 820	11.34%		8	14 560		
		12~13	1 240	7.72%	32.71%	10	12 400		
		13~14	318	1.98%		13	4 134		
		14~15	117	0.73%		16	1 872	113 215	23 897
	A	10~12	2 154	13.42%		6	12 924		
		12~14	2 256	14.06%	27.77%	8	18 048		
		14~16	46	0.29%		12	552		
	返黑	11~15	2 475	15.42%	15.42%	7	17 325		
	B	11~15	1 365	8.50%	8.50%	4	5 460		
	总计		16 050		100%		137 112	113 215	23 897

从表8-4可以看出，A棚养殖总成本低于B棚，A棚的总销售额为156 082元，比B棚销售额多18 970元，除去总成本，A棚的利润为46 691元，比B棚多22 794元，纯利润提高了95.38%。

三、讨论

（一）养殖系统运行分析

循环水养殖符合"节能、绿色、环保"的生产要求，尤其在我国对水产养殖区域环境整治的大背景下，推进水产养殖用水循环利用，才能更好地保护渔业水域生态环境，实现水产养殖高质量发展。循环水养殖在经济效益和生态效益方面比传统养殖具有较大优势。目前，由于观赏鱼附加值较高，养殖户为了降低养殖风险，多数还使用长流水模式或大换水养殖模式，这种养殖模式面临水资源短缺、水质指标难以控制等诸多问题。本研究构建的血鹦鹉鱼设施化循环水养殖系统运用了多层级的"物理+生物过滤"技术，并将各个养殖池进行交叉串联，采用输入热水的方式促进养殖用水循环利用，具有一定的先进性，虽然与国外相比，对养殖系统的调控手段还不多，养殖机械化和信息化水平还不高，但系统运行水质指标较为稳定，养殖的成活率较高。本研究实验组（A 棚）在每天少量补水的情况下，氨氮、亚硝酸盐氮含量分别维持在 0.8mg/L、0.1mg/L 以下，氨氮浓度比节能型循环水石斑鱼养殖系统的氨氮浓度略高，与温室池塘高密度循环水加州鲈养殖系统的氨氮浓度相当；亚硝酸盐氮含量与节能型循环水石斑鱼养殖系统相当，比温室池塘高密度循环水加州鲈养殖系统的亚硝酸盐浓度稍低一些。这说明了该血鹦鹉鱼设施化养殖系统的实用性比较强，能够满足生产要求。

在整个养殖周期，实验棚与对照棚的养殖成活率分别为 96.6%、95.54%，实验棚成活率稍高于对照棚，稍低于循环水养殖鳗鲡的成活率（98.9%～99.7%）和间歇式双循环工厂化养殖系统养殖石斑鱼的成活率（100%），但高于加州鲈（95.1%）和杂交石斑鱼（89.25%）的养殖成活率。这进一步说明该血鹦鹉鱼设施化养殖系统的养殖成活率较高，实用性较强，但仍然有提升的空间。在该养殖周期，有少量鱼患有肠炎病害，今后可以从预防血鹦鹉鱼病害方面入手，投喂非特异性免疫制剂，提高血鹦鹉鱼的非特异性免疫能力和抗应激能力，进一步提高养殖的成活率。

（二）养殖成本分析

本研究中，A 棚养殖血鹦鹉鱼总数为 17 600 尾，比 B 棚养殖的血鹦鹉鱼总数多 800 尾，虽然两棚在投放的总体规格和数量上略有差异，但 A 棚养殖成本为 109 391 元，比 B 棚养殖成本下降了 3 824 元，平均每月比 B 棚节省 1 274 元，主要是电力成本下降的原因。养殖成本的下降，可提高养殖产品的竞争力。血鹦鹉鱼养殖成本主要由苗种、饲料、电力、人工构成，其中 A 棚苗种和饲料占总养殖成本的 91.56%，比 B 棚苗种和饲料占比（88.61%）高出 2.95 个百分点。可以看出，A 棚养殖成本主要是苗种和饲料费用，在电力使用上，该设施化养殖系统较传统温棚节能性更好，符合现代都市型渔业高质量发展要求。

在血鹦鹉鱼形态标准的情况下，体型越大价值越高，养殖利润也就越大。该研究养殖周期为 90d，养殖周期短，说明投入的成本周转快，该模式一年可以养殖 4 次。观赏鱼养殖具有投资周期短、上市灵活、回报效益高的特点，而普通淡水鱼或海水鱼的养殖周期一般从育苗到成鱼都是 2 年左右，养殖周期较长，上市不灵活，投入的资金回收较慢。

（三）血鹦鹉鱼养殖及其效益分析

本研究中，A、B 两棚均由同一个工人管理，投喂的饲料品牌和规格相同，投喂频率一致。A 棚养殖出产的 AAA 级、AA 级和 A 级血鹦鹉鱼所占的比例较 B 棚高，说明该养殖系统的养殖性能优于 B 棚，改造后的 A 棚养殖系统水体容量大，水质较 B 棚稳定，血鹦鹉鱼在养殖过程中，受到的换水等外界刺激较小，生长状况稳定。从养殖效果看，A 棚虽然 1d 只补充 20% 新水量，但由于其整体养殖循环水量、水质较为稳定，池水流动速度较为缓慢，血鹦鹉鱼的应激反应较小，这也可能是 A 棚养殖出血鹦鹉鱼的优级率比传统 B 棚高，B 级鱼和返黑鱼较 B 棚低的原因。血鹦鹉鱼返黑现象是由于在血鹦鹉鱼养殖日常管理时，如残饵粪便的清除和换水会改变养殖水体理化因子，小水体的养殖环境的稳定性较大水体养殖环境稳定性差，环境变化，尤其是水温变化或换水时受到惊吓会造成血鹦鹉鱼自身应激反应。一般情况下，这种应激反应导致血鹦鹉鱼体表出现的黑色条纹或斑纹能够随着水质环境的稳定而自行消失。

血鹦鹉鱼是热带观赏鱼最为畅销的品种，随着消费者审美要求的提升，对血鹦鹉鱼的品级消费要求也越来越高，养殖品级越高，养殖的经济效益就越大。血鹦鹉鱼高品级产出率是养殖者主要的养殖目标，也是提高养殖经济利润的主要手段。本研究中，实验温棚的养殖利润为 4.67 万元，比传统温棚养殖血鹦鹉鱼利润提高了 95.38%，比外塘养殖血鹦鹉鱼利润（按相同养殖面积核算为 3.19 万元）高 1.48 万元，远高于外塘循环水养殖脊尾白虾（*Exopalaemon carinicauda*）和三疣梭子蟹（*Portunus trituberculatus*）的养殖利润（按相同养殖面积核算为 0.56 万元）及鲤鱼（*Cyprinus carpio*）（按相同养殖面积核算为 0.83 万元）、草鱼（*Ctenopharyngodon idellus*）（按相同养殖面积核算为 0.85 万元）的养殖利润。由此可以看出该血鹦鹉鱼温室设施化循环水养殖系统具有高效生产的特点。

四、结论

血鹦鹉鱼的养殖效益主要取决于养殖出产的品级和数量。血鹦鹉鱼设施化养殖系统具有运行节能且高效生产的特点，能够提高 AAA 级、AA 级和 A 级血鹦鹉鱼的出产率，降低 B 级血鹦鹉鱼和返黑血鹦鹉鱼的出产率，值得进一步研究和推广。

第四节　血鹦鹉鱼套养银龙鱼养殖技术

一、试验方法

（一）池塘条件与设施

养殖棚为 2.5 亩的长方形养殖棚，正常水位为 1.5m，池底平坦。养殖棚配两台 1.5kW 水车式增氧机，一台投饵机，水源利用基地地下井水。

（二）清池消毒

6 月 15 日开始清池消毒，消毒时，养殖棚留水 10cm 左右，每亩用漂白粉 10kg 全池泼洒。

（三）进水调温

6 月 16 日养殖棚注入地下井水至 1m 左右，后期逐步加至 1.5m 水深左右。用加温管道将池水温度升至 28℃左右，泼洒水质调节制剂，调节水质使池水透明度维持在 25～40cm，pH 为 7.0～8.5。

（四）苗种投放

6 月 20 日，往养殖棚投放 9～11cm 血鹦鹉鱼 A 级鱼 50 000 尾；7 月 1 日，经商品饲料驯化后，投放 1 000 尾规格 18～20cm 的银龙鱼。血鹦鹉鱼下塘前进行鱼体消毒，用 3% 的食盐水浸浴 5～8min。

（五）饵料投喂

每天投喂 4 次，上午 8：00 和 10：00 各 1 次、下午 2：00 和 4：00 各 1 次，按照鱼体总重的 5%～7% 进行投喂，同时根据养殖水环境和鱼的健康状态及时调整投喂量。饵料选用浮性颗粒料（粗蛋白≥40%、粗脂肪≥5.0%、粗纤维≤5.0%、粗灰分≤15%、总磷≥1.2%、赖氨酸 2.1%、水分≤10%），便于观察鱼的吃食状态，随时调整投喂料量，避免浪费。

（六）水质管理

温室大棚配置两台增氧设施，在保证鱼状态健康安全的情况下，中午可以只开一台增氧机。日常使用微生态制剂调节水质，每 20d 换水一次，换水量为池塘养殖水量的 1/3～1/2，每 3d 检测一次各项水体理化指标，做好生产记录，其间各项指标维持在溶氧 6mg/L 以上、氨氮 0.1～

0. 4mg/L、亚硝酸盐 0. 15～2mg/L、pH 8. 0 左右。

（七）鱼病防控

由于血鹦鹉鱼、银龙鱼这两种鱼抗病能力都比较强，日常管理以预防为主，每半个月定期消毒一次，消毒使用二氧化氯、溴氯海因、强氯精等消毒剂，轮换使用消毒剂可以避免养殖水体中有害微生物产生耐药性。另外，因银龙鱼属于上层鱼，消毒时切忌泼洒至银龙鱼身上，防止烧伤；每月投喂拌护肝的药料 5～7d，可预防血鹦鹉鱼的肝脏因营养过剩而受损伤。

二、试验结果与经济效益分析

经过 2 个月的养殖，8 月 24 日出池，出池情况见表 8－5 和表 8－6。

表 8－5　银龙鱼养殖及经济效益情况

品种	规格（cm）	数量（尾）	单价（元/尾）	金额（元）
银龙鱼	18～20	26	35	910
	20～22	46	40	1 840
	22～24	92	45	4 140
	24～26	306	50	15 300
	26～28	333	55	18 315
	28～30	147	60	8 820
合计		950		49 325

表 8－6　血鹦鹉鱼养殖及经济效益情况

品种	规格（cm）	数量（尾）	单价（元/尾）	金额（元）
血鹦鹉鱼（AA 级）	10～12	12 550	7	87 850
	12～14	21 400	11	235 400
血鹦鹉鱼（A 级）	10～12	6 550	6	39 300
	12～14	8 000	8	64 000
合计		48 500		426 550

血鹦鹉鱼出池 48 500 尾，销售收入 426 550 元。银龙鱼出池 950 尾，销售收入 49 325 元，合计销售收入 475 875 元。

经过精心养殖，除去养殖生产成本（表 8－7），可累计产生收益

98 875元，合亩产效益 39 550 元，其中套养的银龙鱼可亩增产 5 730 元。

表 8 - 7　养殖生产成本

单位：万元

项目	血鹦鹉鱼苗种费	银龙鱼苗种费	饲料费用	水电费用	渔药费用	其他费用	合计
成本	30	3.5	3.5	0.4	0.1	0.2	37.7

三、小结

（1）该种套养模式最大的优点在于银龙鱼在生活习性上与血鹦鹉鱼比较相似，水温控制、水质调节、饲料投喂、抗病能力都比较类似，且银龙鱼的附加值较高，另外，在温室大棚内套养银龙鱼，因空间较大，银龙鱼的增长速度较快，月均增长可达 4cm。

（2）银龙鱼比血鹦鹉鱼胆小，在投喂时，一般血鹦鹉鱼在饲料主投喂区，银龙鱼在血鹦鹉鱼群的外围觅食，可有效避免饲料的浪费。

（3）在出池时，要注意打网出池顺序，因银龙鱼比较活跃，首先要将银龙鱼捕捞出池。在起网后的区域均匀泼洒高度白酒、滴露等短暂性麻醉银龙鱼，组织人员用密网布抄网将银龙鱼一条条捞至带水帆布袋中，充氧密封后运输。待池中银龙鱼出完后，再挑选血鹦鹉鱼进行出池，防止血鹦鹉鱼扎伤银龙鱼及与银龙鱼碰撞造成掉须现象的发生。

第五节　血鹦鹉鱼套养女王大帆养殖技术

血鹦鹉鱼是深受广大消费者喜爱的观赏鱼品种，也是热带观赏鱼中最为畅销的品种，有"红红火火""招财进宝"之意。近年来，随着养殖技术的不断提升，消费者眼光的不断提高，人们对血鹦鹉鱼的品质要求越来越高，价格也越来越透明化，造成血鹦鹉鱼的利润点在逐年下降。女王大帆（*Hypostomus plecostomus*）（彩图 42）属于异型鱼的白化种，全身呈金黄色，眼睛呈红色，较难饲养，观赏价值和经济价值均较高。

为了探索血鹦鹉鱼养殖新模式，天津嘉禾田源观赏鱼养殖有限公司与天津市水产研究所合作，进行了血鹦鹉鱼套养女王大帆养殖研究试验，取得了比较可观的经济收益。现将套养技术总结如下。

一、材料与方法

（一）养殖条件与设施

采用规格为 4m×4m 正方形水泥养殖池进行试验养殖，养殖池 24 个，每个养殖池的正常水位为 0.4m，池底略有弧度。每个养殖池内放气石 4 个，1.5kW 涡轮式曝气机 1 台，养殖用水来源于养殖基地地下井水。

（二）清池、消毒、备水

2020 年 2 月 15 日，用刷子清理养殖池，用水清洗干净，然后注至正常水位，泼洒强氯精进行消毒处理，用量为 0.3g/L。将养殖池曝气石均匀摆放，保障供氧量充足，养殖池水温度稳定在 27～28℃。

（三）苗种投放

2 月 20 日，经筛选后，挑选 A 级血鹦鹉鱼（规格为 8～10cm）2.4 万尾放于养殖池，放养密度为 1 000 尾/池；2 月 28 日，将 12 000 尾女王大帆鱼苗（规格为 3～4cm），先放在一个养殖池中，用金大地料加水揉成面团进行投喂驯化，一周后，按 500 尾/池投放到有血鹦鹉鱼的养殖池进行饲养。血鹦鹉鱼下塘前进行鱼体消毒，用 3% 的食盐水浸浴 5～8min。

（四）饵料投喂

采用人工投喂的方式进行，每天投喂 4 次，上午 8：00、10：00 和下午 2：00、4：00 各投喂一次，只投喂血鹦鹉鱼饲料，按鱼体总重的 5%～7% 为标准进行定量，具体投喂量根据天气以及鱼的吃食情况进行调整。饵料采用软颗粒料（水分≤10.0%、粗蛋白≥42.0%、粗脂肪≥3.0%、粗纤维≤3.0%、粗灰分≤19.0%）。

（五）转池

血鹦鹉鱼生长速度较快，经过 4 个半月的养殖后，要进行一次挑选转池，将长速较慢、品相较差的 A 级血鹦鹉鱼销售掉，剩余血鹦鹉鱼按照 800 尾/池的密度继续养殖，女王大帆整池转即可。

（六）水质调控

养殖用水来源于地下井水，井水直接抽入蓄水池进行调温，确保蓄水池水温与养殖池一致。定期做好溶氧、氨氮、亚硝酸态氮、pH 等各项理化指标的监测，记录日常生产数据。正常情况下，每 7d 换水一次，换水量为 1/3～1/2，保持溶氧 5mg/L 以上、氨氮≤0.2mg/L、亚硝酸态氮≤0.01mg/L、pH 为 7.5～8.1。

（七）病害防控

日常管理坚持"预防为主、防治结合"原则，每 15d 对养殖水体消毒一次，消毒药物采用聚维酮碘、二氧化氯、溴氯海因、强氯精等交替使用；定期投喂护肝的药物，每月一次，每次投喂 5～7d，护肝药物选用三黄散、五黄粉、利胆保肝解毒液等，防止因投喂营养过高的饲料导致血鹦鹉鱼的肝脏受损。

二、试验结果与经济效益分析

经过 8 个月的养殖，于 10 月 18 日出池销售，出池情况和养殖成本情况分别见表 8-8 和表 8-9。

表 8-8　试验出池情况

品种	规格（cm）	数量（尾）	单价（元/尾）	金额（元）
女王大帆	15～20	10 500	12	126 000
A 级血鹦鹉鱼	10～12	3 840	6	23 040
A 级血鹦鹉鱼	12～14	1 875	8	150 00
A 级血鹦鹉鱼	14～16	9 375	12	112 500
AA 级血鹦鹉鱼	14～16	7 500	16	120 000
合计		33 090		396 540

血鹦鹉鱼出池 22 590 尾，销售收入 270 540 元；女王大帆出池 10 500 尾，销售收入 126 000 元。合计销售收入 396 540 元。

表 8-9　养殖生产成本

单位：万元

项目	血鹦鹉鱼费用	女王大帆费用	饲料费用	水电费用	渔药费用	其他费用	合计
成本	9.6	4.8	10.37	0.52	0.3	1.6	27.19

通过套养模式养殖，除去养殖生产成本，累计产生收益 12.46 万元，平均每平方米养殖池产生效益为 324.58 元；其中女王大帆收益 7.80 万元，平均每平方米收益为 203.13 元，该养殖模式投入产出比较高。

三、小结

(1) 这种套养模式最大的优点在于女王大帆属于底栖鱼类，血鹦鹉鱼属于中层鱼类，两者水域空间不同，女王大帆以残饵为食，可有效减少残饵对水质的污染，而且，女王大帆属于低耗氧鱼，对血鹦鹉鱼养殖密度没有太大影响。这种套养模式既减少了饲料浪费，又间接减少用水量，一定程度上降低了生产成本。

(2) 两者抗病能力都比较强，非常易于养殖，但是女王大帆对杀虫药物比较敏感，用药时应避免使用刺激性比较大的药物。

(3) 出池时，要先将血鹦鹉鱼转出，防止女王大帆扎伤血鹦鹉鱼；捕捞女王大帆时，操作要细致，避免女王大帆腹部摩擦造成机械损伤。

第六节 血鹦鹉鱼套养南美白对虾养殖技术

为了探索高效绿色养殖技术模式，天津市开展了血鹦鹉鱼套养南美白对虾养殖试验，养殖 3 个月，亩效益达到了 0.95 万元，经济效益可观，为了推广该养殖技术模式，现将养殖技术总结如下。

一、材料与方法

（一）池塘条件与设施
池塘面积为 7 亩，池底平坦，淤泥厚度约 15cm。池塘配备水车式增氧机和叶轮式增氧机各 1 台，功率均为 1.5kW，配置投饵机 1 台。

（二）进水调水
从牛家牌镇袖珍河进水，河水入塘前需经 80 目筛过滤。6 月 12 日先往池塘进水 1m 左右，后期加水至水深 1.5m 左右，调节控制水体的 pH 为 6.0～7.5，透明度为 25～40cm。

（三）苗种投放

6月15日投放虾苗10万尾，规格为1.5～2cm；7月9日投放3.36万尾全长为7～8cm的血鹦鹉鱼，鱼种下塘前用3%的食盐水浸浴5min进行消毒，运输水体温度与池塘水温温差不超过2℃。

（四）饵料投喂

每天投喂4次，上午7：00、10：00和下午2：00、4：00各一次，投喂量为鱼体总重的5%～7%，并根据鱼的健康状况、吃食情况和天气情况进行调整，养殖过程中需适时开启增氧机。由于投喂饲料为沉性饲料，需要在投饵区设置料盘用于观察鱼的吃食情况，进而调整饲料的投喂量。养殖期间只投喂鱼料，不投喂虾料。

（五）水质管理

由于养殖血鹦鹉鱼追求体型、体色，本试验鱼的投放密度较低，耗氧较少，另外，本试验周期的天气条件也比较正常，很少开机增氧。需要注意的是，每天凌晨巡塘观察时，要注意鱼的状况，如有浮头现象应及时开启增氧机。另外，如遇到气温过高或天闷、阴雨等极端天气时，应在每天凌晨开启增氧机，并观察鱼的状况。

每10～15d使用微生态制剂芽孢杆菌调水1次。整个养殖期间，由于水体亚硝酸盐氮超标共向生态沟渠排水2次，循环净化后作为养殖用水新水再利用，生态沟渠中种植水生植物来净化水质。在高温季节，每天往养殖池塘中加新水3～5cm；每3d需检测1次水质指标，做好记录。养殖周期内，水质指标为溶氧6～8mg/L、氨氮0.2～0.5mg/L、亚硝酸盐氮0.05～0.27mg/L、pH 6.0～8.5。

（六）疾病防治

血鹦鹉鱼抗病能力比较强，受疾病危害相对较少，应坚持以预防为主的原则。在日常饲料中，拌入天津市水产研究所研发的非特异性免疫制剂，添加量为0.1%，投喂7d、停7d；每月定期投喂护肝药料1次，一般1次连续投喂5d。

二、试验结果

经过3个月的养殖，9月中旬出池，养殖经济效益见表8-10。血鹦鹦鱼收获 31 920 尾，均为正规鱼，平均全长为 11.33cm，按 5 元/尾进行销售，销售收入为 15.96 万元；南美白对虾收获 680kg，每千克 40 元，销售收入为 2.72 万元；养殖成本共计 12.03 万元（苗种费 8.55 万元、饲料 2.5 万元，消毒药费及其他 0.98 万元），养殖池塘纯利润为 6.65 万元，平均每亩利润为 0.95 万元，经济效益可观。

表 8 - 10　养殖经济效益分析

项目	产量	单价	销售收入 （万元）	养殖成本 （万元）	纯利润 （万元）	每亩纯利润 （万元）
血鹦鹉鱼	31 920 尾	5 元/尾	15.96	11.88	4.08	0.58
南美白对虾	680kg	40 元/kg	2.72	0.15	2.57	0.37

三、小结

（1）池塘中藻类、桡足类、枝角类等天然饵料丰富，血鹦鹉鱼能够摄食到足够多的天然饵料生物，而且外塘养殖血鹦鹉鱼密度较工厂化车间、温棚养殖低，所养殖出的血鹦鹉鱼体色较为艳丽，观赏价值和经济价值较高。

（2）血鹦鹉鱼套虾模式的构建不仅能够有效利用饲料，增加经济效益，通过鱼吃病虾可以切断病原，而且血鹦鹉鱼摄食到含有虾青素的病虾体色更加红艳。

（3）本模式的养殖用水用微生态制剂芽孢杆菌进行调水，三个月养殖周期内未发生水质情况严重变坏的现象，该模式的构建可为小池塘发展观赏鱼养殖提供参考依据。

（4）由于血鹦鹉鱼价格行情不稳定、养殖户又急于销售，销售时未对血鹦鹉鱼进行分级，故整体经济效益不算高，但仍高于养殖普通食用鱼。今后可发展"公司＋农户""外塘＋温棚"接力养殖模式，外塘养殖结束后，可将鱼倒入温棚中进行养殖，培育经济价值更高的大规格血鹦鹉鱼，同时加以分级，等待行情好转的时候再进行销售，养殖经济效益会更可观。

第七节　血鹦鹉鱼水族缸养殖技术

一、选鱼标准

一般优质血鹦鹉鱼通体血红，无黑点或杂色；体型浑圆厚实，体长/体高越小越好，通常比值为 1～1.1 较佳；游动正常，鳍条完整舒展，鳃盖不外翻，呼吸顺畅；无外伤且鱼眼透亮，游动性强。

二、合理设置放养密度

血鹦鹉鱼的体型较大且具有适宜群居的特性，养殖血鹦鹉鱼的水族缸一般较大。家庭养鱼水族缸一般规格为 100cm×50cm×50cm，不同规格、不同品质的血鹦鹉鱼适宜放养密度不同（表 8-11），一般水族缸中搭配 2尾 10～15cm 的清道夫，可使水族缸长时间保持洁净。另外，水族缸在布置时要同时配备充氧设备、过滤器、温控装置等。

表 8-11　血鹦鹉鱼适宜放养密度

品质	规格（cm）	参考放养数量（尾）
AA、AAA 级血鹦鹉鱼	12～15	15～20
AA、AAA 级血鹦鹉鱼	15～18	11～15
AA、AAA 级血鹦鹉鱼	18～20	9～11
"财神级"血鹦鹉鱼	16～20	9～11
"财神级"血鹦鹉鱼	20 以上	7～9

三、适度加强水质调控

血鹦鹉鱼对水质要求不严，在弱酸性、中性和微碱性水中都能正常生活，自来水晾晒 2～3d 即可使用。在日常管理中，需经常投喂含虾青素的人工配合饲料或用鲜活（冰鲜）的小鱼虾来维持血鹦鹉鱼红色的体色，所以在家庭养殖血鹦鹉鱼时，要注重保持养殖缸中水质的稳定，一般每 5～7d 换一次水，换水量为 1/3～1/2。由于血鹦鹉鱼养殖过程中对溶氧的需求比较高，所以必须保持充足的氧气，保证溶氧达到 5mg/L 以上。

四、控制水温

血鹦鹉鱼适宜水温为 27～29℃，水族缸养殖时，要注意水温温差不要过大，一般控制在 3℃ 以内，否则容易造成血鹦鹉鱼患白点病，从而造成死亡，因此水族缸中要配备带温控的加热棒。

五、定时定量投喂饲料

每天要定时定量投喂饵料，合理搭配饵料的营养，定期投喂鲜活的小虾、小鱼，以保持鱼体健康水平。配合饲料选用专门为血鹦鹉鱼配制的人工饲料（粗蛋白≥45.0%、粗脂肪≥8.0%、粗纤维≤10.0%、粗灰分≤15.0%、钙 0.5%～2.5%、总磷 0.6%～2.0%、氯化钙 0.4%～1.0%、赖氨酸≥1.9%、虾青素≥0.3%、胡萝卜素≥0.3%），直接投喂这种添加了虾青素和胡萝卜素的饲料，不但方便，而且可以使血鹦鹉鱼的体色更加鲜艳好看。每次喂食一般先喂颗粒饲料到半饱，然后再喂红虫、面包虫、河虾等直到喂饱，这样既能保证鱼体的颜色亮度，又能让血鹦鹉鱼吃得饱、长得快。饲料投喂应注意要定时定量，以保证水质清新，每天投喂 3～4 次，人工饲料以在投喂后 10min 食完为宜。

六、加强日常观察管理

日常观察要特别注意水温、水质是否正常，鱼体游动、摄食是否正常，鱼体鳍条、表面是否有伤，鱼是否感染病害等情况，如发现异常情况应及时解决。定期清洗过滤器，检查温控设置和水族箱中的动力设备，以维持养殖缸养殖系统的稳定。在观察和处理的同时，尽量不要引起血鹦鹉鱼剧烈应激，剧烈的应激反应容易造成血鹦鹉鱼产生褪色反应。

七、水族缸养殖常见疾病及其治疗

（一）烂鳃病和烂鳍病

烂鳃病症状是病鱼独浮、反应迟钝、呼吸困难、食欲减退，病情严重时，鳃丝末端腐烂、充血，鳃盖骨内外层被腐蚀变薄，掀开鳃盖可见溃烂的组织。烂鳍病症状是鱼鳍破损变色无光泽，烂处有异物，严重时鱼鳍残缺腐烂导致鱼死亡，本病一年四季都可发生，主要发病原因是水更换不及时。治疗方法：①用 5% 食盐水浸泡病鱼直至痊愈。②高锰酸钾溶液 20mg/L 浸泡 15～30min。

（二）细菌性肠炎病

此病也是血鹦鹉鱼养殖过程中常见的一种病，常与其他疾病并发，如烂鳃病。发病鱼出现呆滞、游动迟钝、独游、体色发黑等症状，而且病鱼摄食减少但腹部膨大，肛门红肿，排便为白色的黏液，轻挤有黄色脓液。治疗方法：用土霉素 5g/m³ 浸泡病鱼直至痊愈即可。

（三）水霉病

鱼体病灶部位长着大量灰白色长棉花状的菌丝，后期病灶处肌肉腐烂、食欲减退而死亡，主要原因是水温没控制好。治疗方法：①用 4% 的食盐水浸泡病鱼 10min，每天一次直至痊愈。②用食盐和小苏打合剂（1∶1）浸泡，浓度为 8mg/L。

（四）寄生虫性疾病

水环境比较差、水温变化比较大时，最容易暴发的寄生虫性疾病是小瓜虫病。发病初时，小瓜虫密集分布在病鱼的体表、鳃丝和鳍条上，肉眼可见有白色的点状囊泡出现，此时的病鱼仍会摄食；患病后期，白点布满全身，病鱼常浮于水面或游动迟钝，摄食活动减少，常在鱼缸的角上互相挤擦，最终以鳃组织坏死、呼吸困难而死亡。治疗方法：用加温棒提高水温至 30℃ 以上，约一周后小瓜虫破裂脱落，然后更换新水保持水温即可痊愈。

八、小结

（1）水族缸养殖血鹦鹉鱼要注意投喂的配合饲料中必须要含虾青素和胡萝卜素，来维持血鹦鹉鱼的体色鲜艳，否则血鹦鹉鱼的体色将会出现褪色现象。

（2）要控制水族缸的水温和水质相对稳定，否则将会使血鹦鹉鱼产生应激反应，导致血鹦鹉鱼出现褪色现象；"财神级"血鹦鹉鱼应激后会产生缩头现象，观赏价值和经济价值会下降。

（3）日常投喂血鹦鹉鱼时，要保持相对稳定的投喂量，保证鱼体体型。长期投喂量不足将会造成血鹦鹉鱼体长/体高变大，影响血鹦鹉鱼品质。

（4）在养殖缸中，经常会有一尾鱼呈现淡粉红色。一是血鹦鹉鱼处于发情期，母血鹦鹉鱼产完卵后1～2周会有褪红色的现象，这种情形没有健康的问题，只要生理调整好了，就会恢复为鲜艳红色。二是环境应激或鱼的健康状况出现了问题，由于血鹦鹉鱼是群养的鱼种，或多或少都有地域性或攻击性，群体中就会有一尾较瘦弱的鱼，它本身没有生病但就是群鱼中最弱的一尾，俗称"箭靶鱼"，因此不必担心这尾鱼的健康状况，只要它还会小心翼翼地偷抢饲料吃，就没什么问题，这是群居血鹦鹉鱼的天性。

第九章

热带观赏鱼活体运输技术

第一节　血鹦鹉鱼活体运输技术

血鹦鹉鱼是热带观赏鱼中最为畅销的品种，具有易养殖、体色红艳、价格适中等特点，非常受消费者的喜爱。血鹦鹉鱼最适生存水温为 25～30℃，低于 20℃血鹦鹉鱼游动缓慢。血鹦鹉鱼为紫红火口与红魔鬼的杂交品种，鳃部存在缺陷，属于高氧鱼，因此血鹦鹉鱼的活体运输就显得尤为重要。天津市观赏鱼技术工程中心一直从事血鹦鹉鱼繁育养殖，每年养殖血鹦鹉鱼 2 000 万尾以上，掌握了一套成熟的血鹦鹉鱼活体运输技术，其产品远销我国大部分地区，现总结如下，以期为养殖户及商家服务。

一、运输前准备工作

运输前需要对鱼进行提前停食，一般需要停食 3d，规格大的鱼进行长距离运输时需要停食 4～5d，以确保活鱼完全处于空腹状态下运输，避免运输过程中出现鱼的排泄物造成水质污染而死鱼的情况；同时，在空腹状态下运输，鱼的耗氧量低，耐运输，也是保持成活率较高的一个原因。

根据运输季节来调整运输水温，夏季气温较高时，一般选择早晨进行或加冰降温处理，冬季气温较低时，泡沫箱内侧贴热贴来防止温度下降。根据客户的需求充分考虑运输对象的种类、规格、密度、路程长短等情况，确定运输方法。尽量将运输过程中的事宜都安排妥当，如天气情况、航班信息、打包时间、接送货时间、陆地运输工具等都要考虑清楚，以减少各种突发情况的发生，确保运输的顺利进行。

二、运输方法

根据市场需求和客户要求，一般采用尼龙袋（表9-1）和帆布袋密封充氧运输。尼龙袋是用透明聚乙烯薄膜（厚0.1cm）电烫加工而成，一般规格为24cm×20cm×65cm，容积约31L。先准备一桶水（约10L），然后将确定好的鱼放入水桶内，将水和鱼一块倒入尼龙袋内，占整个容积的1/3～2/5即可，打包过程中，挤出袋内的所有空气，再充入氧气，使袋鼓起，以袋面光滑无褶、氧气饱满有弹性为佳。将袋口扎紧后，将袋平放在纸箱或泡沫保温箱内即可起运。注意，尼龙袋受挤压不宜过大。

表9-1 尼龙袋密封充氧运输参数

品级	规格（cm）	数量（尾）	最适时间（h）
B	6～8	50	15
B	8～11	35	15
B	11～13	20	15
B	13～15	15	15
AA	7～8	50	15
AA	8～9	40	15
AA	9～10	30	15
AA	10～11	25	15
AA	11～12	20	15

血鹦鹉鱼因鳃盖的问题，需要高氧，所以在运输过程中，就要考虑这一状况。天津市观赏鱼技术工程中心通过几年不断的试验，根据血鹦鹉鱼的规格、品相找到了最适宜该品种的打包密度。尼龙袋密封充氧运输一般适用于较长时间的运输，陆运、空运均可，陆运至东北及山东、陕西、内蒙古等地，空运发广州、新疆等地。一般运输时间不超过15h，最长运输时间不超过20h（表9-2）。

表 9-2　尼龙袋密封充氧运输情况

运输时间（h）	水温（℃）	鱼的状态	水质状况
0～10	25～27	状态比较活跃	水质清澈
10～15	25～27	状态比较活跃	水质清澈，少量黏液
15～20	26～28	鱼活动状态略显迟缓，但正常游动	水质浑浊，少量黏液，偶尔会见少量粪便
20～23	26～28	出现少量死鱼（约 1/5），大部分鱼游姿不正常，呈侧卧状态	水质较浑，黏液渐多，偶尔会见少量粪便
23～25	27～28	大部分鱼死亡，症状均为鳃盖张开，严重缺氧	水体透明度很低，黏液多，偶尔会见少量粪便

　　帆布袋一般规格为 43cm×44cm×23cm，容积约 43L。袋口处呈圆柱形，袋口直径 20cm，柄长 30cm。先准备一桶水（约 10L），然后将确定好的鱼放入水桶内，通过自制大漏斗，将水和鱼一块倒入帆布袋内，补水至整个容积的 2/5 即可，完全挤出袋内的空气，充入氧气。将袋口扎紧即可起运。装好鱼后，视季节变化，夏季加冰块或冰瓶，冬季可以用热贴。

　　帆布袋密封充氧运输适用于短时间的陆运运输，陆运至天津市内及北京、河北等地。一般运输时间不超过 8h，最适运输时间控制在 5h，最长运输时间不超过 10h。帆布袋密闭不易观察，一般透过扎口处来观察。该中心根据用帆布袋拉鱼客户的地域结合运输距离、运输成本、鱼的安全度，详细总结了不同规格、不同品相的血鹦鹉鱼用帆布袋充氧打包运输情况，找到了最佳运输打包密度（表 9-3、表 9-4），并监测了该密度下的鱼状态和水质情况（表 9-5）。

表 9-3　帆布袋密封充氧高密度运输参数

品级	规格（cm）	数量（尾）	最适时间（h）
B	6～8	150	5
B	8～11	70	5
B	11～13	60	5
B	13～15	40	5
AA	7～8	120	5
AA	8～9	80	5

（续）

品级	规格（cm）	数量（尾）	最适时间（h）
AA	9～10	70	5
AA	10～11	60	5
AA	11～12	45	5
A	10～12	50	5
A	12～14	40	5
A	14～16	30	5
A	16～18	25	5

表9-4　帆布袋密封充氧低密度运输参数

品级	规格（cm）	数量（尾）	最适时间（h）
B	6～8	130	8
B	8～11	60	8
B	11～13	50	8
B	13～15	35	8
AA	7～8	100	8
AA	8～9	70	8
AA	9～10	60	8
AA	10～11	50	8
AA	11～12	40	8
A	10～12	40	8
A	12～14	30	8
A	14～16	25	8
A	16～18	20	8

表9-5　帆布袋密封充氧运输情况

运输时间（h）	水温（℃）	鱼的状态	水质状况
0～5	25～27	状态比较活跃	水质清澈
5～8	25～27	状态比较活跃	水质清澈，少量黏液
8～10	26～28	鱼活动状态略显迟缓，但正常游动	水质较浑，黏液渐多，偶尔会见少量粪便

（续）

运输时间（h）	水温（℃）	鱼的状态	水质状况
10～12	26～28	出现少量死鱼（约1/5），大部分鱼游姿不正常，呈侧卧状态	水质浑浊，黏液渐多，偶尔会见少量粪便
12～13	27～28	大部分鱼死亡，症状均为鳃盖张开，严重缺氧	水体透明度很低，黏液很多，偶尔会见少量粪便

三、小结

（1）在运输前，应对血鹦鹉鱼进行严格控食，如控食不好，会造成鱼在运输过程中少量排便，这样会对水质造成污染，从而影响运输的成活率。该中心在近几年的运输过程中，偶尔还会发现少量鱼排便，这可能是由于这一阶段虽然不喂食，但血鹦鹉鱼仍然能够摄食到储养池中的一些碎屑等食物，导致运输水体的自身污染。因此，在运输前，一定要严格控食，尤其是大规格鱼控食时间要比小规格鱼长。

（2）尼龙袋适用于中长途运输，尼龙袋因透明，适合随时观察鱼的状态，但因其材质原因，一般只运输小规格鱼，大规格鱼骨刺比较硬容易将尼龙袋扎漏，而且同样空间运输数量较帆布袋少。帆布袋适用于短中途运输，因材质比较厚实，运输大小规格鱼均可，同样空间运输数量较尼龙袋多，但不方便检查鱼的状态。该中心总结了血鹦鹉鱼不同品级、不同规格、不同运输时间分别应用尼龙袋和帆布袋的运输情况，可为血鹦鹉鱼养殖户及经营者提供参考依据。

（3）当运达目的地时，如观察发现鱼缺氧，应立即在原装袋中进行充氧，并将打包袋放置于水中降温或升温，待温度与接收水体基本一致，再缓慢把池水放入水袋中，鱼稳定后让鱼自然游出。

（4）血鹦鹉鱼现在流行的运输方式越来越多，短途水箱、长途水车等也越来越多，但同时也存在很多的问题，血鹦鹉鱼极不耐低氧，一旦出现问题，很可能就会全部死亡。因此，在选择的时候，一定要充分考虑路程、天气、交通等因素。

第二节　其他热带观赏鱼的运输技术

热带观赏鱼在运输方面对水温有特别要求，而针对具体运输项目，运输距离、耗时、鱼的形态、规格等因素会对技术操作和管理产生不同影响。现就短途运输、一般中小型热带鱼、大型及特殊热带鱼的运输技术分别论述如下。

一、短途运输技术

（一）短途运输通用流程

鱼的短途运输一般指把鱼运到养殖场或暂养地以外，2h 之内到达目的地并且可以开始放养操作的运输过程，场内的搬运不在此例。

中小型热带观赏鱼短途运输一般采用塑料袋充氧法，基本不需要预处理，可即装即走（如果预知运输发生的时间，提前 1～2d 停食更好），一般步骤是：准备适当规格的塑料袋→加入清洁无残氯的水→装入热带观赏鱼→排除袋内空气并充氧→扎口后码装或装入泡沫箱中再码装→运走。

大型并且带有尖锐硬刺、鳍棘的观赏鱼可用尼龙袋充氧或敞口的大型塑料桶、帆布袋运输。采用敞口容器运输一般需配备增氧设备，气泵或氧气瓶皆可；如果是爱跳跃的鱼，还要用网片盖好。

（二）短途运输注意事项

①装袋的水要与待运鱼所处的水体水温接近，在不危及鱼体健康的情况下，夏季尽可能低温，冬季装袋水温一般控制在 26～30℃（不同种类要求有差别，较耐寒的种类用较低水温如 20℃运输更好），并且将塑料包装袋装入泡沫箱，或者将大量的塑料包装袋码放在一起，外面再覆盖帆布等材料，避免温度过快下降。②塑料袋要套双层，以防意外破损；怕惊吓的鱼要用黑塑料袋或者报纸夹在 2 层包装袋之间遮光；带有尖锐硬刺、鳍棘的鱼要用 3 层加厚塑料袋包装并在鱼入袋时小心操作，避免破包；用尼龙袋充氧包装更好。③包装密度根据水温、具体种类及规格的特点进行适当调整，在保证安全的前提下尽量密度高些。④运输途中，夏季需防晒，冬季需防风。

二、中小型热带鱼的运输

观赏鱼领域中的中型鱼是指介于大型鱼和小型鱼的种类，本文里大型中型小型仅指运输对象当时的规格，体长≥30cm 或体质量≥0.5kg 为大型，体长≤10cm 或体质量≤0.02kg 为小型鱼，10cm＜体长＜30cm 或 0.02kg＜体质量＜0.5kg 的热带鱼统称为中小型热带鱼。这类鱼常用运输方法是塑料袋充氧运输，其操作过程如下。

（一）停食、吊水

停食和吊水是保证运输成活率、提高装运密度、降低运输消耗和成本的关键。小型热带鱼由于个体小、生活水温较高，新陈代谢较快，一般个体越小消化周期越短，停食的时间也越短。热带鱼的停食和吊水一般在鱼缸中进行。在较大的水体中成长的鱼停食吊水之前必须经过一个流程——"上缸"。"上缸"就是将鱼挪入鱼缸中养 1～2 周，使之适应鱼缸环境，此举兼有驯化与美容的效果，是负责任的观赏鱼生产者在将观赏鱼交到客户手里之前必须做的一项工作。上缸完成之后，可以继续在鱼缸中养殖，也可以进入停食吊水流程。

包装前将待运输鱼移入事先准备好的清水中，停止喂食，小型鱼停食 1d，中型鱼停食不超过 2d，同时采用高密度挤压式的养殖，刺激鱼排出粪便及过多的黏液，同时也使鱼提前适应高密度运输时产生的刺激，避免运输时产生应激反应。暂养的密度一般为养殖密度的 3～5 倍，对于爱打斗的鱼类（一般而言越小的鱼越少打斗，但有些种类很小就开始打斗），有些在高密度情况下反而不会打斗，而有些不论密度高低坚持打斗，对于后者，只能放弃挤压式暂养。吊水时注意防止缺氧，但吊水的水体内不能有太大的水流，因此适当的增氧办法是用气泵多气头小气量增氧。暂养过程中要避免阳光直射，水温保持在 26～28℃。

（二）运输用水的准备

包装运输所用的水必须清洁且富含溶解氧，因此一般使用经曝气的自来水。自来水要在包装使用前 2～3d 放入开放式容器（鱼缸或大型蓄水桶等）用气泵打气以消除残氯，这就是所谓的"曝气"。一些对 pH 比较敏感的种类，还需要将 pH 调整到与养殖水体接近，相差不超过 0.3。

打包前水温调整到与暂养水相当，或根据运输需要调整到适当的温度，比如在冬季进行运输时，水温稍微高一点，以便抵消途中温度下降的影响。

（三）运输方式和包装方法

包装方法和要求与采用的运输工具有关，目前热带观赏鱼运输采用的主要交通工具是汽车和飞机，汽车运输包括货车和客车托运 2 种主要方式，客车托运与航空运输的包装要求类似，不做专门讲述。

可群养的热带观赏鱼的包装密度主要取决于水温和运输时长，货车运输的时长一般为正常行驶耗时的 1.5 倍，空运一般按飞行时间 + 6h，或者国内一般按总耗时 12h 计算。

不同种类的热带鱼习性不同，适温范围（耐低温的能力）、耗氧率（与好动或好静有关）、体型等对包装密度都有较大影响，首次进行某类鱼运输时应在运输前做密度实验，以保证运输安全。

在此提供 2 种鱼的运输包装方法和密度供参考。

1. 摩利鱼

又名玛丽鱼，运输水温为 20℃，四方底的"1/2 袋"（即一个航空运输箱内恰好可以放 2 个充满的鱼袋），运输时长为 12h 的包装量见表 9 - 6。

表 9 - 6　摩利鱼包装数量

规格（cm）	2	4	6
数量（尾/包）	600	200	100

2. 血鹦鹉鱼

运输水温为 26℃，四方底的"1/2 袋"，运输时长为 12h，正常状态运输和麻醉运输的包装量见表 9 - 7。

表 9 - 7　血鹦鹉鱼包装数量

规格（cm）	2	6	10	15
正常状态数量（尾/包）	400	80	30	12
麻醉状态数量（尾/包）	800	160	60	24

3. 货车运输

在日最低气温高于 20℃时可采用敞篷车运输，但是为了稳妥起见，建议任何季节都采用厢式货车运输。

敞篷货车运输包装的常见方法：双层塑料袋，水和鱼的总体积约占封口后袋内总容积的 2/5，封口时尽量旋紧，使扎口后塑料袋充分鼓胀而有弹性（俗语称"硬包"），装袋完成后一层层码在车厢里，尽量靠紧不留空隙，堆码层数以 5 层为限。因此时天气炎热，包装水的温度建议控制在 20~23℃，具体要看对象鱼的适温范围。码装完毕后应使用帆布遮盖，避免暴晒。

厢式货车运输的推荐方法是以塑料袋加泡沫箱包装，其操作方法是准备好泡沫箱和与之配套的塑料袋，要求泡沫箱有较大的强度，最好是长方形箱；准备好包装用水，将水温调好，夏季水温尽量接近运输对象鱼的适温下限，冬季则将水温调整到（30±1）℃；双层塑料袋装 1/4~1/3 的水，按合理数量放入鱼，排掉空气，充氧，扎紧袋口打成"硬包"，装入泡沫箱（鱼袋应与泡沫箱规格协调，使袋在箱内不会移位，泡沫箱仅角落有少许空隙），盖上箱盖，用封箱胶布绕盖沿封住盖与箱体间的接口，叠放于车厢内。长方形泡沫箱叠放的方式最好是底层纵向，第二层横向，第三层再纵向，依次类推，最多不超过 5 层。采用这样交叉叠放的方式可以增强泡沫箱的抗压能力和整体稳定性。

4. 航空运输方式

国内航空运输的包装形式是固定的，一套包装箱由内而外为充氧塑料袋、泡沫箱、大塑料袋、纸箱，塑料袋的规格、数量由托运人自定，泡沫箱、大塑料袋和纸箱为承运的航空公司设计和指定厂商生产销售的"鲜活水产航空包装箱"（套装），外部尺寸一般是长和宽 55~60cm，高 25~30cm。

航空运输内包装塑料袋一般为四方底的塑料袋，其规格按照装满一个包装箱需要的个数分为：大袋、1/2、1/4、1/8、1/16，再小就超出制式范围，有些定制的斗鱼袋小到每箱可以装 100 多个。

包装时采用什么规格的塑料袋取决于运输对象鱼的规格和习性，较常用的规格是 1/2，小于此规格的塑料袋通常是为好斗的或身体有硬刺容易扎破袋子的鱼准备的。

包装的顺序是：塑料袋双层套好→加入包装用水（约为容积的 1/4）→入鱼→充氧→旋紧袋口后用橡皮筋扎紧→袋口倒旋使氧气袋略显松软→放

入泡沫箱→盖好泡沫箱（冬季寒冷地区常在箱盖内侧贴挂 1～2 个自发热"暖宝"）→封箱胶绕圈封好泡沫箱盖口→箱外套上大塑料袋→套入纸箱中→用胶布将塑料袋贴住防止散乱→纸箱用封箱胶布封口。

目前在热带鱼运输时常使用麻醉剂，其操作环节在鱼入袋后充氧之前，使用的麻醉剂通常为 MS-222，使用的剂量为 30mg/L，或在运输前实验过，其剂量把握在致鱼轻度麻醉即可。采用麻醉剂可使装运密度提高 50%～100%，或在运输密度不变的情况下，延长承受运输的时间 50%～80%。

三、大型热带鱼的运输

通常将体长≥30cm，或体质量≥0.5kg 的热带鱼称为大型热带鱼，没有上限，但是由于体长超过 60cm（鳝形鱼类除外）或体质量超过 2.5kg 的鱼，制式包装箱无法装载，因此在运输上有较大的特殊性，不在本节的论述范围内。

大型热带鱼运输方式主要是货车专运、客车托运和航空托运。为减少因鱼力量较大而造成的破袋漏气风险，通常使用麻醉剂。

（一）货车专运

一般采用双层大塑料袋为内包装、泡沫箱为外包装的包装方式。

具体操作参照前面的厢式货车运输方式，并在包装过程中，鱼入袋后充氧之前，增加添加麻醉剂环节。麻醉剂通常为 MS-222，使用的剂量为 30mg/L，或在运输前实验过，其剂量把握在致鱼轻度麻醉。

（二）客车托运

当运输目的地距离不太远，出发地和目的地之间有直通班车，并且运输鱼总量较少时，常常采用客车托运的方式。客车托运一般不需要专用包装箱，但是对包装的最大尺寸有限制，需在托运前向承运单位咨询，充分了解，并在允许的范围内尽量采用较大尺寸的包装，塑料袋扎口之后内部空间的长度一定要大于鱼的全长（鳝形鱼类除外），以减轻鱼在当中的压迫感，减轻应激反应，并且减缓水温变化的速率。客车托运一般采用三件套式包装，即塑料袋＋泡沫箱＋纸箱，每箱装 1～2 袋（好斗的或身体有硬刺的鱼除外）。

（三）航空托运

航空托运大型热带观赏鱼多采用麻醉运输方式，包装包括充氧塑料袋、泡沫箱、大塑料袋、纸箱四个部分，此处应尽可能采用"加大海鲜箱"。内包装（即泡沫箱内的塑料袋）应根据运输对象的体形和习性选择，要求是鱼袋在泡沫箱内放好后鱼能伸展开、并且水位一定要浸过鱼的脊背，爱打斗的鱼要一鱼一袋。

装运密度根据鱼的种类、规格以及运输时长而定，一鱼一袋时通过选用的塑料袋的规格来调节密度。国内航空托运耗时一般在 12～24h，国际运输因提货手续较复杂，耗时多数在 24～48h。

四、特殊热带鱼的运输

所谓特殊热带鱼，是指体型特大或者特别容易扎破塑料袋或者其他有特殊习性的热带鱼，其种类繁多，不胜枚举，在此对最具代表性的类群简单叙述。包装用水以及运输前的停食吊水等与一般热带鱼的要求类似，不再重述。

（一）超大型鱼

巨骨舌鱼（俗称海象鱼）、虎皮鸭嘴鱼、红尾鲶等都能长到很大，特别是巨骨舌鱼，成年个体体长达到 3m，体质量达到 200kg 以上，即使是体长 60～80cm 的幼年个体，力量也很大，其挣扎的力量足以摧毁数层塑料袋加泡沫箱，并且其体形大到一般的包装箱无法容纳。

这一类鱼如果预计要运输到很远的地方，一定要在其体长达到 60cm 前完成，一旦体长超过 60cm，就不宜采用航空托运，汽车专运几乎是唯一选择。采用汽车运输时，宜用敞口容器如帆布箱、活鱼运输槽车、大型塑料箱等。装载时先固定承载的容器，加入符合要求的水至深度足以浸没鱼体包括背鳍，将鱼搬入其中，加入经稀释的麻醉剂并不停搅动水体，鱼的回避游动消失时停止添加麻醉剂，开启充氧装置，固定防跳遮阴罩网，起运。汽车运输不能在寒冷季节，只有环境温度不低于 20℃时可行，而运鱼的水温需根据环境温度调节，环境温度 20～24℃时，水温以 28℃左右为宜，环境温度 30℃以上时，运鱼水温以 23～25℃为宜。运鱼水温与环境温度相差较大时，应在暂养时逐渐调整水温，避免运输时过大的温差造成应激反应。

（二）斗鱼的运输

此处斗鱼为暹罗斗鱼（即泰国斗鱼），不包括中国本土的圆尾斗鱼和叉尾斗鱼。斗鱼体型很小，一般全长5～7cm，体长3～4cm，上市的斗鱼都是雄性，它们在一年四季都充满斗志，与同类不共戴天，因此一般一鱼一袋，所用包装袋为8cm×20cm的小塑料袋，其包装方法是加水5cm高，放入斗鱼1尾，舒展袋口纳入空气，收拢袋口并旋紧，收拢的袋口挽一个结，竖直码放在泡沫箱内。扎好口之后鱼袋内空气的高度为6～7cm。斗鱼包装袋内一般不充纯氧，因为斗鱼是"迷鳃类"，其鳃的基部特化成迷宫一般布满毛细血管的组织，能直接从空气中吸收氧气，它们有呼吸空气的习惯，纯氧会使它们发生"醉氧"性休克，呼吸停止。

（三）淡水魟鱼的运输

魟鱼体型扁平如碟状，有一条细长且长满刺的尾巴（一般长度略大于盘径），其后端约1/4的位置还有一根比较长的毒刺（1～3cm长，与身体大小呈一定比例），它的尾巴可以轻易扎穿塑料袋。

盘径小于10cm的魟鱼可以像一般热带鱼那样运输，不过包装塑料袋最好用加厚的，另外，应选用一箱一袋式的航空运输箱，这样水底面积比较大，鱼在袋内不会卷曲，包装密度以鱼身体俯视面积的总和不超过箱底面积的2倍为宜。盘径大于10cm的魟鱼运输前要将尾巴用塑料纸（剪一块塑料袋即可）包住，塑料纸环绕尾巴卷2～4层（规格越大的鱼卷的层数越多），用橡皮筋套住防止脱落或散开，橡皮筋要松紧适度，既要避免过紧影响尾部血液流通，又要避免因过松而导致塑料纸被鱼甩脱。盘径大于40cm的魟鱼一尾一箱，盘径30～35cm的每箱2～3尾，规格再小的魟鱼的包装密度根据10cm以下魟鱼同样的原则确定。

第十章

红白血鹦鹉鱼新品种种质鉴定

在血鹦鹉鱼苗种培育过程中，我们发现一种新的血鹦鹉鱼在每批次繁育孵化养殖过程中出现概率为万分之一，能稳定遗传，体色由红色和白色组成，且红白分明、边界清晰，因此得名红白血鹦鹉鱼。在一群血鹦鹉鱼中搭配两条红白血鹦鹉鱼非常抬色。本项目对红白血鹦鹉鱼从形态学、蛋白质、染色体等方面进行了种质鉴定。

一、生物学性状

（一）外部形态

体短圆，头部在眼前隆起，背部隆起，腹缘弧状弯曲大，无腹棱；肛门接近臀鳍起点；口亚上位，上唇扁平，下唇呈三角状，口部无法完全闭合，幼时全身分布黑色素细胞，体灰色，全长约5cm后开始褪色，体表无色或淡红色。

血鹦鹉鱼与红白血鹦鹉鱼的外形区别主要在于体色：血鹦鹉鱼全身鲜艳通红，而红白血鹦鹉鱼体色由红色和白色组成，且红白分明、边界清晰。上品的红白血鹦鹉鱼要求颜色分布有特点，如白头翁、丹顶等，如彩图43、彩图44所示。

（二）可数性状

1. 红白血鹦鹉鱼：

背鳍鳍式：D. $VII \sim XVIII$，$11 \sim 13$

臀鳍鳍式：A. Ⅵ～Ⅶ，8～10

鳞式：$19～25 - \dfrac{56}{10～13 - A}$

左侧第一鳃弓外侧鳃耙数：9～13

2. 血鹦鹉鱼：

背鳍鳍式：D. ⅩⅦ - ⅩⅧ，11～13

臀鳍鳍式：A. Ⅵ - Ⅶ，8～10

鳞式：$22～25 - \dfrac{5～6}{10～13 - A}$

左侧第一鳃弓外侧鳃耙数：9～13

二、遗传学特性

（一）生化遗传学特征

血鹦鹉鱼和红白血鹦鹉鱼肌肉组织中乳酸脱氢酶 LDH 电泳图谱见彩图 45、彩图 46。由图可知，血鹦鹉鱼与红白血鹦鹉鱼在肌肉组织中的 LDH 同工酶谱带相同，每个个体均表达出 3 个条带，个体差异不大。

（二）细胞遗传学特性

对血鹦鹉鱼两个品系中期细胞分裂相染色体进行计数，其中红白血鹦鹉鱼染色体数目 $2n = 47$，血鹦鹉鱼染色体数目 $2n = 48$，见表 10 - 1、彩图 47、彩图 48。

表 10 - 1　血鹦鹉鱼的染色体数分布

品种	观察细胞中期分裂相数	染色体数目分布				染色体众数	众数所占比例
		45	46	47	48		
红白血鹦鹉鱼	63	7	14	42		47	67
血鹦鹉鱼	70		15	10	45	48	64

按照 Levan 等分组建议，对红白血鹦鹉鱼、血鹦鹉鱼染色体组型分析，核型分别是：红白血鹦鹉鱼 $2n = 47$，19sm + 28st，总臂数 NF = 66；血鹦鹉鱼 $2n = 48$，10sm + 38st，总臂数 NF = 58，见表 10 - 2 以及彩图 49、彩图 50。

表 10 - 2　两种血鹦鹉鱼染色体组型

品名	染色体数 (2n)	染色体臂数 (NF)	核型			
			m	sm	st	t
红白血鹦鹉鱼	47	66		19	28	
血鹦鹉鱼	48	58		10	38	

三、小结

实验中的血鹦鹉鱼和红白血鹦鹉鱼两个品系染色体数分别为 48 和 47。血鹦鹉鱼的 70 个细胞分裂相中，染色体数低于 48 的有 35 个分裂相，可能是由于细胞低渗导致染色体丢失或是染色体分散不好造成重叠引起计数误差。红白血鹦鹉鱼的 63 个细胞分裂相中，有 21 个分裂相染色体数低于 47，也是这个原因。

鱼类染色体数与其分类学类群及进化程度有关，小岛吉雄把真骨鱼类划分为低等类群、中等类群和高等类群三大类群，进化上处于低位的类群，染色体数目一般偏高，进化上属于高位类染色体数目比较集中，血鹦鹉鱼属于高位类鲈形目鱼类。董元凯指出鲈形目鱼类的端部着丝点染色体占多数，这与我们的实验结果是一致的。染色体是遗传物质的载体，其核型具有一定程度的物种特异性，血鹦鹉鱼、红白血鹦鹉鱼两个品系是通过同一次杂交获得杂交后代不同的质量性状的表现型，染色体数分别是 48 和 47。细胞水平的核型还是不能充分反映不同物种的差异，还需要通过带型分析或者是分子标记方法来进行区分。

实验中采用头肾组织进行制片，本次实验获得的分裂相较以往相同实验的其他鱼类要少，要采集足够分裂相且染色体清晰图像，增加实验的工作量和工作难度，本实验的分裂相少可能是因为这种鱼类的肾组织不发达。人们普遍以为鱼类细胞分裂指数低，需要辅助植物凝集素 PHA 来促进细胞分裂。然而不同鱼类的不同组织细胞分裂指数不尽相同，有的鱼类肾组织不发达，获得的分裂相就少，可改用脾脏，也能获得清晰的分裂相，建议属于高等类群的鱼类，如果脾脏发达，最好采用脾脏，一般能取得较好的效果。

附录 1　血鹦鹉鱼常见疾病及其防治方法

附录 2　血鹦鹉鱼繁养关键技术要点

附录 3　血鹦鹉鱼设施集约化养殖重大疾病免疫防控技术手册

附录 4　血鹦鹉鱼套养品种的
选择及注意事项

附录 5　血鹦鹉鱼的选购标准

参 考 文 献

陈国和，刘玉鑫，张新申，等，2002. 芦荟的化学成分及其分离和分析 [J]. 化学研究与应用，14（2）：4.

崔培，范泽，李建，等，2015. 饲料中添加白藜芦醇对血鹦鹉鱼肝脏生化指标的影响 [J]. 大连海洋大学学报，30（2）：203-206.

崔培，姜志强，韩雨哲，等，2011. 饲料脂肪水平对红白锦鲤体色、生长及部分生理生化指标的影响 [J]. 天津农学院学报，18（2）：23-31.

丁庆忠，王芳，齐遵利，等，2012. 金鱼品种琉金（♀）×龙睛（♂）杂交种 F_1 胚胎发育观察 [J]. 安徽农业科学，40（13）：7755-7758.

付旭，崔前进，陈冰，等，2020. 饲料脂肪水平对淡黑镊丽鱼生长及色素蓄积的影响 [J]. 大连海洋大学学报，35（1）：56-62.

何丽，2008. 红头丽体鱼 *Vieja synspila*（Hubbs，1935）♀×橘色双冠鱼 *Amphilophus citrinellus*（Gunther，1864）♂杂交子代的性腺发育及遗传学分析 [D]. 上海：上海海洋大学.

何丽，陈再忠，2008. 血鹦鹉鱼的体型及生殖潜力评价 [J]. 水产科技情报，35（5）：245-247.

何丽，陈再忠，李伟纯，2008. 血鹦鹉鱼的形态特征与核型 [J]. 上海水产大学学报，17（6）：752-756.

胡文彪，李清，杨瑞斌，等，2013. 翘嘴鲌（♀）和黑尾近红鲌（♂）杂交的胚胎发育和胚后发育观察 [J]. 华中农业大学学报，32（1）：103-108.

贾文平，付志茹，姜巨峰，等，2016. 血鹦鹉鱼红、白两个品系染色体核型分析 [J]. 黑龙江水产，1：46-48.

贾志武，郑先虎，匡友谊，等，2012. 鲫微卫星标记与几个生长性状的相关性分析 [J]. 水产学杂志，25（2）：1-5.

姜巨峰，张先光，李春艳，等，2017. 血鹦鹉鱼室外池塘养殖试验 [J]. 中国水产，5：94-95.

姜巨峰，张先光，周勇，等，2019. 血鹦鹉鱼套养南美白对虾试验 [J]. 科学养鱼，7：2.

冷向军，李小勤，2006. 水产动物着色的研究进展 [J]. 水产学报，30（1）：140-145.

李岑，姜志强，刘庆坤，等，2011. 泰国斗鱼的胚胎发育及温度对胚胎发育的影响［J］. 大连海洋大学学报，26（5）：402-406.

李春艳，吴会民，李婵，等，2018. 血鹦鹉鱼家系的体型性状判别分析及遗传差异分析［J］. 大连海洋大学学报，33（1）：19-24.

李家乐，李思发，1999. 尼奥鱼尼罗罗非鱼（♀）×奥利亚罗非鱼（♂）同其亲本的形态和判别［J］. 水产学报，23（3）：261-265.

李小慧，汪学杰，牟希东，等，2008. 饲料中添加虾青素对血鹦鹉鱼体色的影响［J］. 安徽农业科学，36（20）：8606-8607.

李云航，王建钢，施兆鸿，等，2013. 饲料脂肪水平对褐菖鲉血清生化指标、免疫及抗氧化酶活力的影响［J］. 中国水产科学，20（1）：101-107.

林婷婷，姚素媛，舒琥，等，2016. 宝石鲈（♂）、淡水黑鲷（♀）及其杂交子一代的形态差异分析［J］. 广东农业科学，3：167-172.

刘苏，朱新平，陈昆慈，2011. 斑鳢、乌鳢及其杂交种形态差异分析［J］. 华中农业大学学报（自然科学版），30（4）：488-493.

刘肖莲，姜巨峰，吴会民，等，2016. 血鹦鹉鱼遗传多样性及经济性状的关联分析［J］. 西北农林科技大学学报（自然科学版），44（12）：51-55.

刘永新，刘奕，周勤，等，2015. 利用微卫星标记指导红鳍东方鲀亲本选配［J］. 大连海洋大学学报，30（2）：113-119.

牟春艳，郑曙明，任胜杰，等，2015. 不同体色血鹦鹉鱼的色素细胞种类、数量及色素含量［J］. 水产科学，34（8）：5.

牟文燕，韦敏侠，翟胜利，等，2015. 辣椒红素对血鹦鹉鱼生长、体形、体色及抗氧化能力的影响［J］. 水产科技情报，42（2）：88-92.

石立冬，赵月，薛晓强，等，2019. 血鹦鹉鱼饲料中脂肪和虾青素交互作用的研究［J］. 经济动物学报，23（4）：191-196.

石英，冷向军，李小勤，等，2009. 饲料蛋白水平对血鹦鹉鱼幼鱼生长、体组成和肠道蛋白消化酶活性的影响［J］. 水生生物学报，33（5）：874-880.

孙刘娟，吴李芸，白东清，等，2016. 虾青素对血鹦鹉鱼体色、生长和非特异性免疫指标的影响［J］. 北方农业学报，44（1）：91-95.

孙向军，罗琳，姜志强，等，2011. 饲料脂肪水平对锦鲤体色和几项免疫指标的影响［J］. 大连海洋大学学报，26（5）：397-401.

孙效文，鲁翠云，匡友谊，等，2007. 镜鲤两个繁殖群体的遗传结构和几种性状的基因型分析［J］. 水产学报，31（3）：273-279.

孙学亮，季延滨，白东清，等，2017. 加丽素红混合物对血鹦鹉鱼体色和生理指标的影响

［J］. 湖北农业科学, 56 (9)：1706-1708, 1712.

孙志景, 姜巨峰, 傅志茹, 等, 2014. 红头丽体鱼×红魔丽体鱼杂交子一代胚胎发育及仔鱼形态学观察［J］. 南方水产科学, 10 (3)：38-46.

王常安, 徐奇友, 许红, 等, 2011. 芦荟粉对西伯利亚鲟生长和血液生化指标的影响［J］. 上海海洋大学学报, 20 (4)：63-67.

王朝明, 罗莉, 张桂众, 等, 2010. 饲料脂肪水平对胭脂鱼生长性能、肠道消化酶活性和脂肪代谢的影响［J］. 动物营养学报, 22 (4)：969-976.

韦敏侠, 宋红梅, 蒋燕玲, 等, 2015. 苜蓿皂苷促进血鹦鹉鱼对虾青素的吸收及其最适添加水平［J］. 动物营养学报, 27 (8)：2589-2596.

吴会民, 姜巨峰, 刘肖莲, 等, 2016. 陶粒在血鹦鹉鱼温室大棚养殖水处理中的应用［J］. 天津农业科学, 22 (4)：36-39.

吴会民, 姜巨峰, 刘肖莲, 等, 2018. 血鹦鹉鱼与其亲本形态学指标的相关性分析［J］. 江苏农业科学, 46 (18)：183-185.

吴会民, 姜巨峰, 张振国, 等, 2014. 一种复合免疫增强剂对大菱鲆和血鹦鹉鱼酶活性及抗病力的影响［J］. 江西水产科技 (1)：21-23.

夏德全, 曹萤, 杨弘, 等, 1999. 罗非鱼杂交 F_1 代与亲本的遗传关系及其杂种优势的利用［J］. 中国水产科学, 6 (4)：29-32.

夏苏东, 傅志茹, 谢刚, 等, 2016. 芦荟粉对血鹦鹉鱼幼鱼体色与生长的影响［J］. 水产科学, 35 (1)：7-13.

邢薇, 姜娜, 李铁梁, 等, 2017. 免疫增强剂对血鹦鹉鱼非特异性免疫的影响［J］. 四川农业大学学报, 35 (1)：99-105.

徐玲玲, 邵邻相, 谢炜, 等, 2012. 七彩神仙鱼胚胎及仔鱼发育研究［J］. 河南师范大学学报 (自然科学版), 40 (1)：125-129.

杨惠云, 2012. 牛磺胆酸钠影响虾青素对血鹦鹉鱼着色效果的研究［D］. 上海：上海海洋大学.

于秀娟, 郝向举, 杨霖坤, 等, 2022. 中国休闲渔业发展监测报告［J］. 中国水产, 12：35-40.

余勇, 李琪, 于红, 等, 2016. 长牡蛎中国群体和日本群体杂交子代的杂种优势分析［J］. 中国海洋大学学报 (自然科学版), 46 (2)：35-41.

袁立强, 马旭洲, 王武, 等, 2008. 饲料脂肪水平对瓦氏黄颡鱼生长和鱼体色的影响［J］. 上海水产大学学报, 17 (5)：577-584.

张先光, 韩现芹, 王春鹿, 等, 2021. 血鹦鹉鱼套养银龙鱼试验［J］. 科学养鱼 (3)：77-78.

张先光，姜巨峰，2019. 血鹦鹉鱼活体运输技术［J］. 科学养鱼（2）：77-78.

张先光，王春鹿，马友福，等，2021. 血鹦鹉鱼套养女王大帆养殖试验［J］. 河北渔业（4）：30-32.

张晓红，吴锐全，王海英，等，2009. 虾青素与螺旋藻对血鹦鹉鱼体色的影响［J］. 大连水产学院学报，24（1）：79-82.

张晓红，吴锐全，王海英，等，2010. 饲料中添加虾青素对血鹦鹉鱼皮肤类胡萝卜素含量和体色三刺激值的影响［J］. 广东海洋大学学报，30（4）：77-80.

张兴忠，1988. 鱼类遗传与育种［M］. 北京：农业出版社.

中华人民共和国国家质量监督检验检疫总局，2014. GB/T30946-2014 观赏鱼分级规则血鹦鹉鱼［S］. 北京：中国标准出版社.

朱婷婷，金敏，孙蓬，等，2018. 饲料脂肪水平对大口黑鲈形体指标、组织脂肪酸组成、血清生化指标及肝脏抗氧化性能的影响［J］. 动物营养学报，30（1）：126-137.

Barbosa M J，Morais R，Choubert G，1999. Effect of carotenoid source and dietary lipid content on blood astaxanthin concentration in rainbow trout（*Oncorhynchus mykiss*）［J］. Aquaculture，176（3-4）：331-341.

Boonyaratpalin M，Thongrod S，Supamattaya K，*et al.*，2001. Effects of β-carotene source，*Dunaliella salina*，and astaxanthin on pigmentation，growth，survival and health of *Penaeus monodon*［J］. Aquaculture Research，32（s1）：182-190.

Choubert G，Mendes-Pinto M M，Morais R，2006. Pigmenting efficacy of astaxanthin fed to rainbow trout Oncorhynchuykiss：Effect of dietary astaxanthin and lipid sources［J］. Aquaculture，257（1）：429-436.

Fuji K，Hasegava O，Honda K，*et al.*，2007. Marker-based breeding of a lymphocytis disease-resistant Japanese Flounder［J］. Aquaculture，291-295.

Huiyun Yang，Xidong Mu，Du Luo，*et al.*，2012. Sodium taurocholate，a novel effective feed - additive for promoting absorption and pigmentation of astaxanthin in blood parrot（*Cichlasoma synspilum* ♀×*Cichlasoma citrinellum* ♂）［J］. Aquaculture，350-353：42-45.

Jin S，Zhang X，Jia Z，*et al.*，2012. Genetic linkage mapping and genetic analysis of QTL related to eye cross and eye diameter in common carp（*Cyprinus carpio*，L.）using microsatellites and SNPs［J］. Aquaculture，358-359（6）：176-182.

Johnson E A，An G H，1991. Astaxanthin from microbial sources［J］. Critical Reviews in Biotechnology，11（4）：297-326.

Kuang Y Y，Zheng X H，Li C Y，*et al.*，2016. The genetic map of goldfish（*Carassius* auratus) provided insights to the divergent genome evolutions in the Cyprinidae family [J]. Scientific Reports, 6: 34849.

Kuang Y, Zheng X, Lv W, *et al.*, 2015. Mapping quantitative trait loci for flesh fat content in common carp (*Cyprinus carpio*) [J]. Aquaculture, 435 (435): 100-105.

Lee P, Schmidt-Dannert C, 2002. Metabolic engineering towards biotechnological production of carotenoids in microorganisms [J]. Applied Microbiology and Biotechnology, 60 (1-2): 1-11.

LinQ, Lu J, Gao Y, *et al.*, 2006. The effect of temperature on gonad, embryonic development and survival rate of juvenile seahorses, *Hippocampus kuda* Bleeker [J]. Aquaculture, 254 (1): 701-713.

Metusalach, Synowiecki J, Brown J, et al., 1996. Deposition and metabolism of dietary canthaxanthin in different organs of arctic charr (*Salvelinus alpinus* L.) [J]. Aquaculture, 142 (1): 99-106.

Miao F, Lu D, Li Y, *et al.*, 2006. Characterization of astaxanthin esters in *Haematococcus pluvialis* by liquid chromatography-atmospheric pressure chemical ionization mass spectrometry [J]. Analytical biochemistry, 352 (2): 176-181.

Mölgaard J, von Schenck H, Olsson A G, 1987. Alfalfa seeds lower low density lipoprotein cholesterol and apolipoprotein B concentrations in patients with type II hyperlipoproteinemia [J]. Atherosclerosis, 65 (1): 173-179.

Pu J, Bechtel P J, Sathivel S, 2010. Extraction of shrimp astaxanthin with flaxseed oil: Effects on lipid oxidation and astaxanthin degradation rates [J]. Biosystems engineering, 107 (4): 364-371.

Reid D P, Szanto A, Glebe B, *et al.*, 2005. QTL for body weight and condition factor in Atlantic salmon (*Salmo salar*): comparative analysis with rainbow trout (*Oncorhynchus mykiss*) and Arcticcharr (*Salvelinus alpinus*) [J]. Heredity, 94: 166-172.

Sun Xiaowen, Liang Liqun, 2004. A genetic linkage map of common carp (*Cyprinus carpio* L.) and mapping a locus associated with cold tolerance trait [J]. Aquaculture, 238 (1-4): 165-172.

Torrissen O J, Christiansen R, 1995. Requirements for carotenoids in fish diets [J]. Journal of Applied Ichthyology, 11 (3-4): 225-230.

Torrissen O, Hardy R, Shearer K, *et al.*, 1990. Effects of dietary canthaxanthin level and lipid level on apparent digestibility coefficients for canthaxanthin in rainbow trout (*Oncorhynchus mykiss*) [J]. Aquaculture, 88 (3): 351-362.

Tourniaire F，Gouranton E，von Lintig J，*et al.*，2009. β-Carotene conversion products and their effects on adipose tissue [J]. Genes & nutrition，4 (3)：179-187.

Wang X D，Marini R P，Hebuterne X，*et al.*，1995. Vitamin E enhances the lymphatic transport of β-carotene and its conversion to vitamin A in the ferret [J]. Gastroenterology，108 (3)：719-726.

Wang X X，Shao L，2008. Research status of ornamental fish body color [J]. Reservoir Fisheries，28 (2)：57-59.

Wei Luo，Weimin Wang，Zexia Gao，*et al.*，2013. Genetic parameters estimates for growth-related traits of blunt snout bream (*Megalobrama amblycephala*) using microsatellite-based pedigree [J]. Aquaculture Research，1 (8) .

Xu P，Zhang X，Wang X，*et al.*，2014. Genome sequence and genetic diversity of the common carp，*Cyprinus carpio* [J]. Nature Genetics，46 (11)：1212.

Yagiz Y，Kristinsson H G，Balaban M O，*et al.*，2010. Correlation between astaxanthin amount and a * value in fresh Atlantic salmon (*Salmo salar*) muscle during different irradiation doses [J]. Food chemistry，120 (1)：121-127.

Yalinkilic O，Enginar H，2008. Effect of X-Radiation on lipid peroxidation and antioxidant systems in rats treated with saponin-containing compounds [J]. Photochemistry and photobiology，84 (1)：236-242.

Yanar M，Erçen Z，Özlüer Hunt A，*et al.*，2008. The use of alfalfa，*Medicago sativa* as a natural carotenoid source in diets of goldfish，*Carassius auratus* [J]. Aquaculture，284 (1)：196-200.

图书在版编目（CIP）数据

血鹦鹉鱼产业发展现状及养殖技术 / 姜巨峰主编 .
北京：中国农业出版社，2024. 10. -- ISBN 978-7-109-
32607-1

Ⅰ. S9

中国国家版本馆 CIP 数据核字第 2024ME5357 号

中国农业出版社出版

地址：北京市朝阳区麦子店街 18 号楼
邮编：100125
责任编辑：王金环　蔺雅婷
版式设计：杨　婧　责任校对：吴丽婷
印刷：北京印刷集团有限责任公司
版次：2024 年 10 月第 1 版
印次：2024 年 10 月北京第 1 次印刷
发行：新华书店北京发行所
开本：700mm×1000mm　1/16
印张：13　插页：8
字数：215 千字
定价：98.00 元

彩图 1　正反交的红头丽体鱼和红魔丽体鱼

彩图 2　2017 年度血鹦鹉鱼养殖品种
鉴赏暨血鹦鹉鱼大赛

彩图 3　血鹦鹉鱼

彩图 3　甜心血鹦鹉鱼

彩图 4　独角血鹦鹉鱼

彩图 6　斑马血鹦鹉鱼

彩图 7　金刚血鹦鹉鱼

彩图 8　红白血鹦鹉鱼（"红白鹦鹉"）

彩图 9　红白血鹦鹉鱼（"白雪鹦鹉"）

彩图 10　红财神

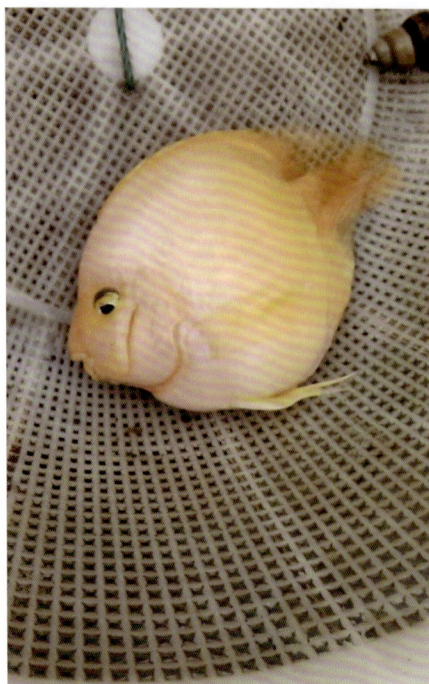

彩图 11　红元宝

彩图 12　西瓜皮血鹦鹉鱼

彩图 13　梅花血鹦鹉鱼

彩图 14　虎斑血鹦鹉鱼

彩图 15　糖果血鹦鹉鱼

彩图 16　发光血鹦鹉鱼

彩图 17　血鹦鹉鱼的胚胎发育图

1. 受精卵，×20　2. 胚盘形成，×20　3.2 细胞期，×20　4.4 细胞期，×20　5.8 细胞期，×20　6.16 细胞期，×20　7.32 细胞期，×20　8.64 细胞期，×20　9. 多细胞期，×20　10. 桑葚期，×20　11. 高囊胚期，×20　12. 低囊胚期，×20　13. 原肠早期，×20　14. 原肠中期，×20　15. 原肠末期，×20　16. 胚体形成期，×20　17. 胚孔封闭期，×20　18. 视囊形成期，×20　19. 体节形成期，×20　20. 听囊形成期，×20　21. 晶体形成期，×20　22. 头部与卵分开期，×20　23. 心脏跳动期，×20　24. 肌肉效应期，×20　25. 将孵期，×20

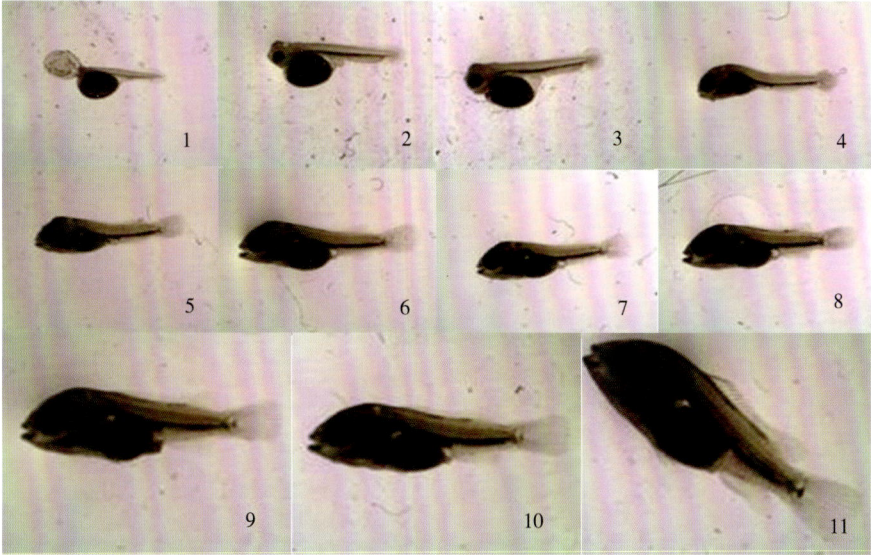

彩图 18　仔稚鱼

1. 初孵仔鱼，×7　2. 1日龄仔鱼，×7　3. 2日龄仔鱼，×7　4. 3日龄仔鱼，×7　5. 4日龄仔鱼，×7　6. 5日龄仔鱼，×7　7. 6日龄仔鱼，×7　8. 7日龄仔鱼，×7　9. 8～9日龄仔鱼，×7　10. 10日龄仔鱼，×7　11. 11日龄仔鱼，×7

彩图 19　剪亲鱼的上下颚齿

彩图 20　有受精卵的瓦片

彩图 21　刚孵出的仔鱼

彩图 22　不同体形和体色的幼鱼

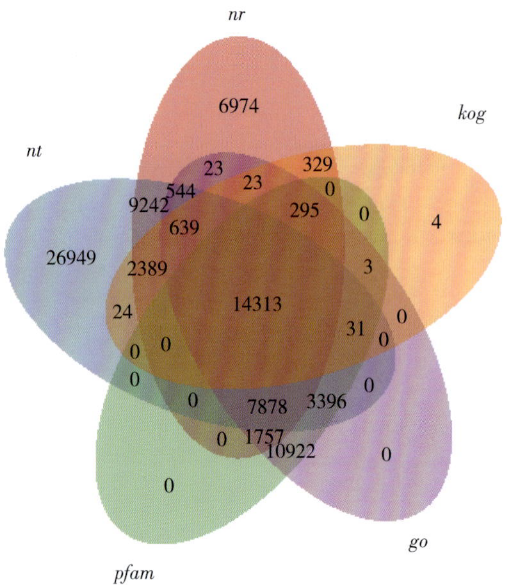

彩图 23   注释结果 Venn 图

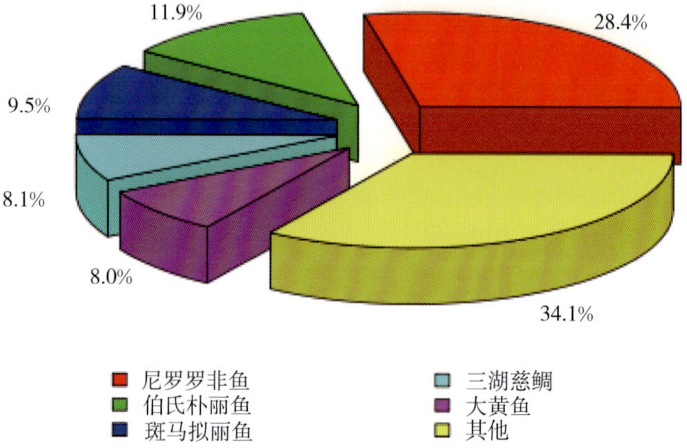

彩图 24   Unigene 的物种分类结果

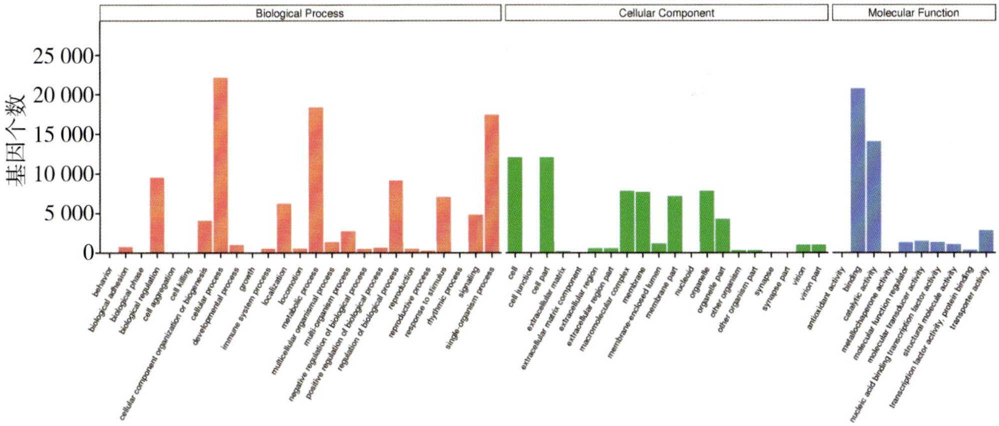

彩图 25　GO 注释结果

注：横坐标为 GO 三个大类的下一层级的 GO term，纵坐标为注释到该 term 下的基因个数。3 种不同分类表示 Go term 的三种基本分类。

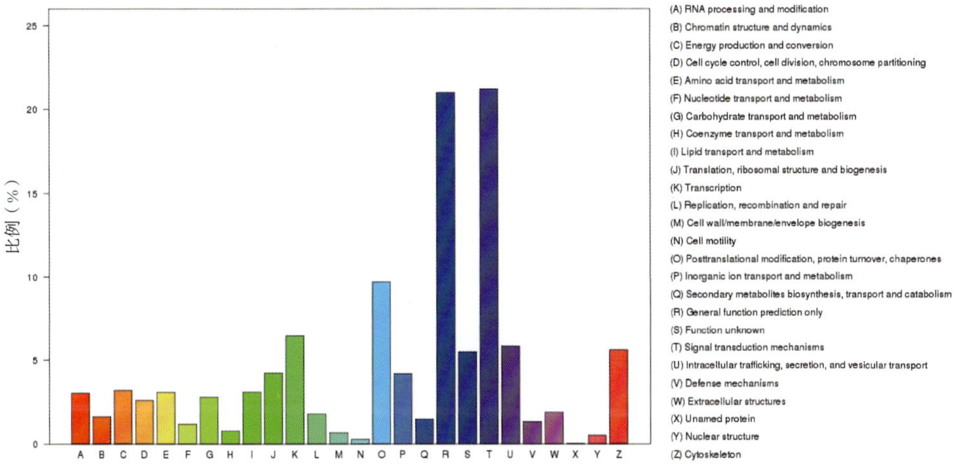

彩图 26　KOG 分类结果

注：横坐标为 KOG 的 26 个 group 的名称，纵坐标为注释到该 group 下的基因个数占被注释上的基因总数的比例。

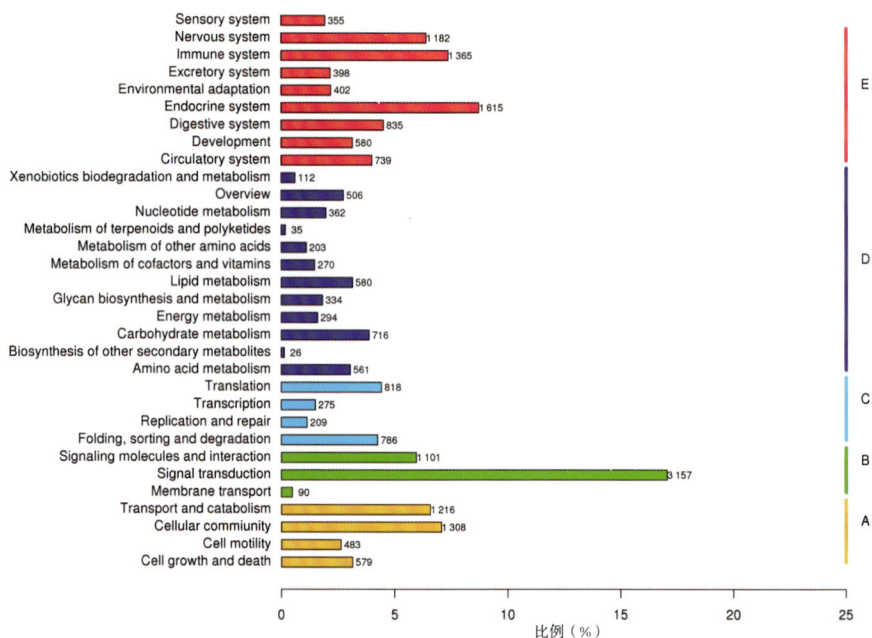

彩图 27　KEGG 分类图

注：纵坐标为 KEGG 代谢通路的名称，横坐标为注释到该通路下的基因个数及其个数占被注释上的基因总数的比例。将基因根据参与的 KEGG 代谢通路分为 5 个分支：细胞过程（A，Cellular Processes），环境信息处理（B，Environmental Information Processing），遗传信息处理（C，Genetic Information Processing），代谢（D，Metabolism），有机系统（E，Organismal Systems）。

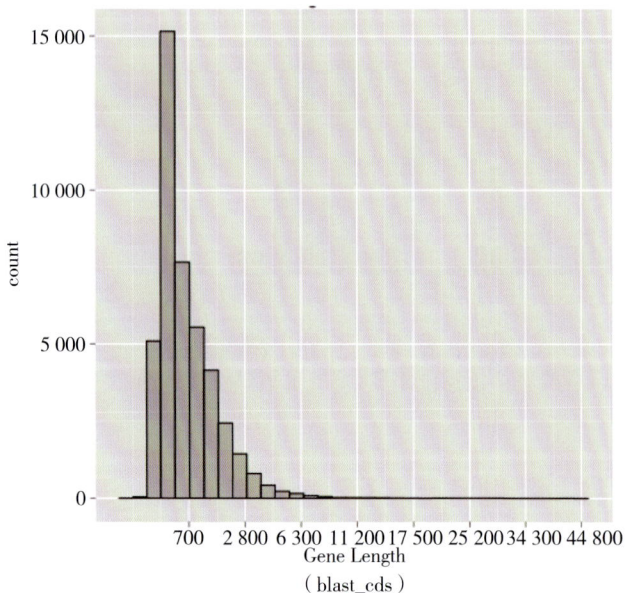

彩图 28　通过比对得到的 CDS 序列长度分布情况

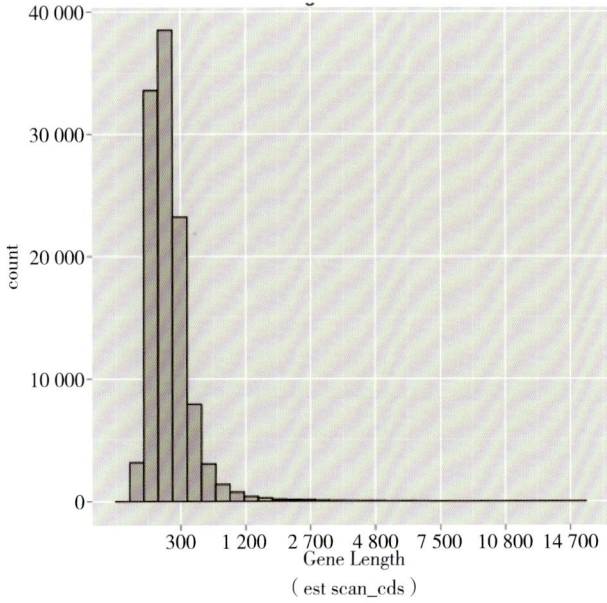

彩图 29　通过 estscan 软件预测得到的 CDS 长度分布情况

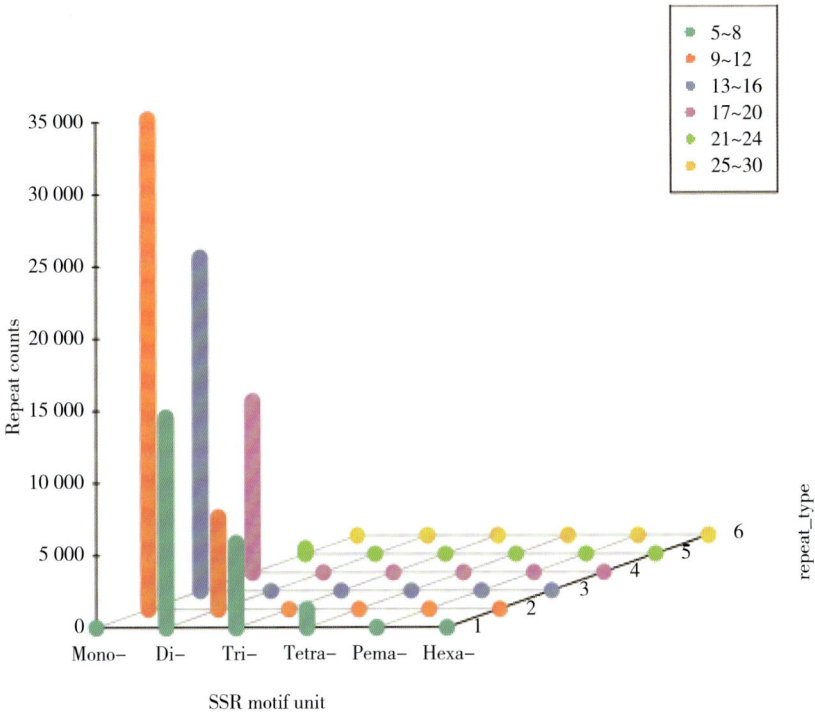

彩图 30　SSR 统计分布图

注：X 坐标为 SSR 类型，Y 坐标是数值坐标，具体重复的次数应按照颜色与图例对应，Z 坐标是 SSR 数目。

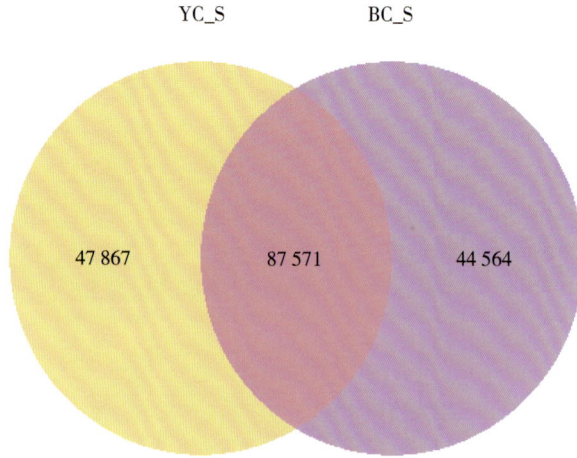

YC_S   BC_S

47 867   87 571   44 564

彩图 31　基因表达维恩图

注：每个大圆圈中的数字之和代表该 group 表达了的基因总个数，圆圈交叠的部分表示 group 之间共有的表达基因，以 fpkm>0.3 为基因表达的标准。

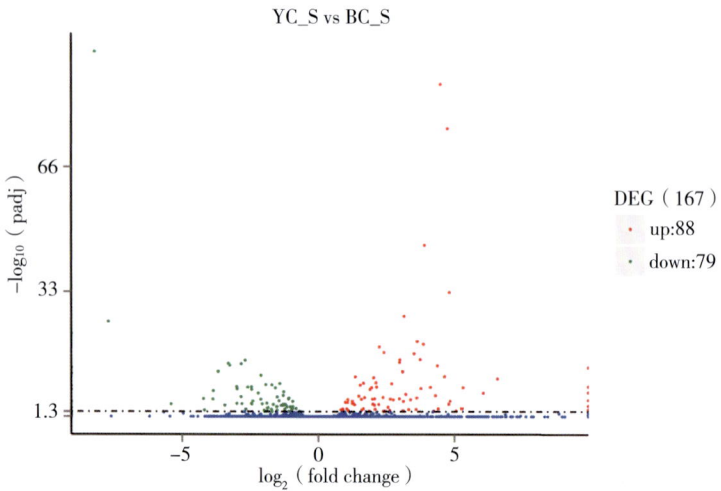

YC_S vs BC_S

$-\log_{10}$（padj）

66

33

1.3

$\log_2$（fold change）

−5　0　5

DEG（167）
up:88
down:79

彩图 32　试验组/样品间基因差异表达分析火山图

注：横坐标代表基因在不同实验组中/不同样品中表达倍数变化；纵坐标代表基因表达量变化的统计学显著程度，校正后的 pvalue 越小，$-\log10$（校正后的 pvalue）越大，即差异越显著。图中的散点代表各个基因，蓝色圆点表示无显著差异的基因，红色圆点表示有显著差异的上调基因，绿色圆点表示有显著差异的下调基因。

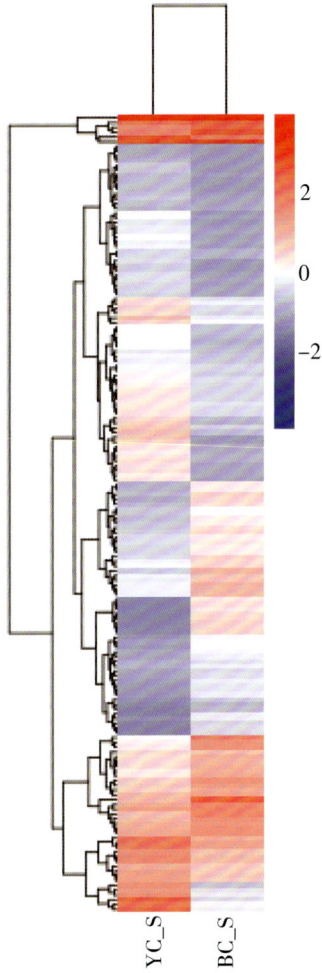

彩图 33　差异基因聚类图

注：红色表示高表达，蓝色表示低表达。颜色从红到蓝，表示 log10（FPKM＋1）从大到小。

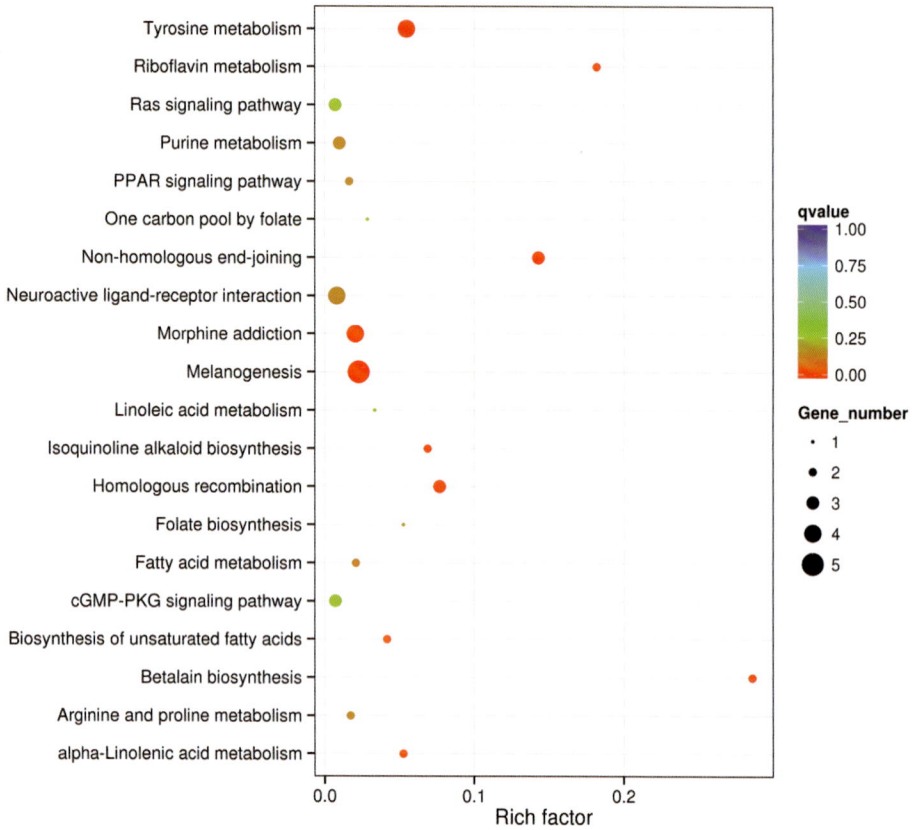

彩图 34　KEGG pathway 富集散点图

注：纵轴表示 pathway 名称，横轴表示 pathway 对应的 Rich factor，qvalue 的大小用点的颜色来表示，qvalue 越小则颜色越接近红色，每个 pathway 下包含的差异基因的多少用点的大小来表示。

彩图 35　血鹦鹉幼鱼褪色比例对照

1. 褪色率 100%　2. 褪色率 90%　3. 褪色率 80%　4. 褪色率 70%　5. 褪色率 60%　6. 褪色率 50%　7. 褪色率 40%　8. 褪色率 30%　9. 褪色率 20%　10. 褪色率 10%　11. 褪色率 0

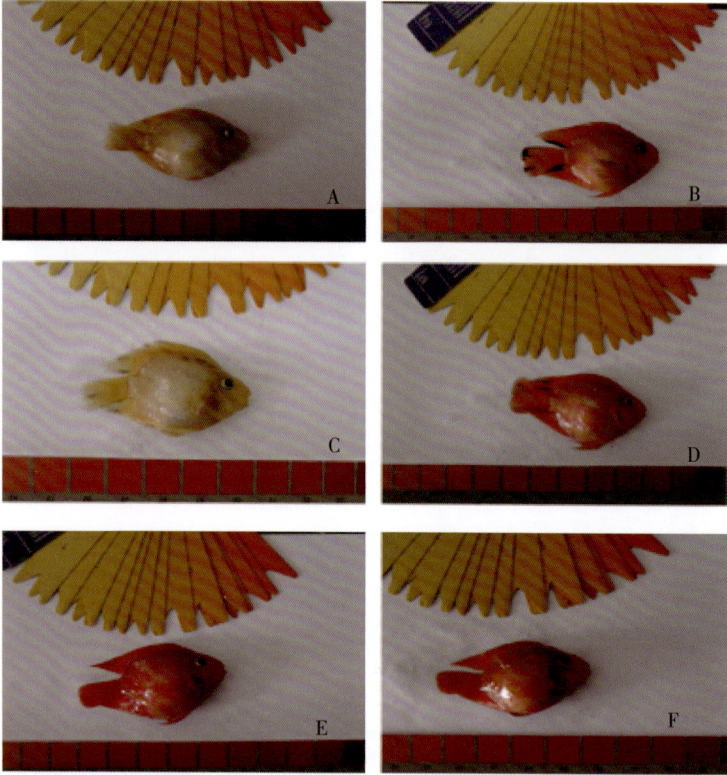

彩图 36　45d 时各实验组试验鱼着色效果照片

A 组．基础饲料组　B 组．基础饲料中只添加 400mg/kg 虾青素　C 组．基础饲料中只添加 600mg/kg 牛磺胆酸钠　D 组．基础饲料中添加 400mg/kg 牛磺胆酸钠和 400mg/kg 虾青素　E 组．基础饲料中添加 1 200mg/kg 牛磺胆酸钠和 400mg/kg 虾青素　F 组．基础饲料中添加 2 000mg/kg 牛磺胆酸钠和 400mg/kg 虾青素

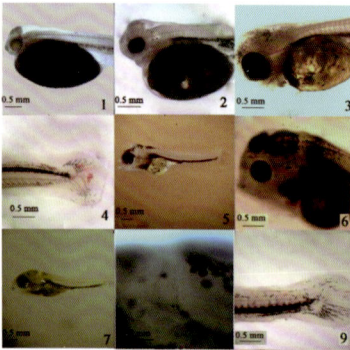

彩图 37　橘色双冠丽鱼仔鱼期形态发育

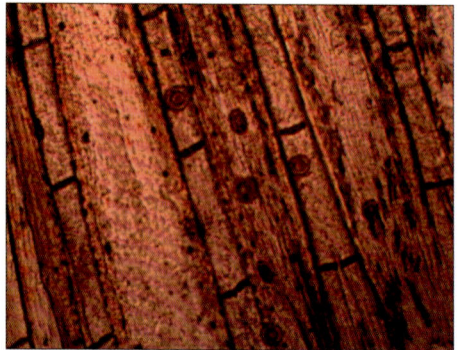

彩图 38　车轮虫（10×10）

彩图 39　指环虫（10×10）

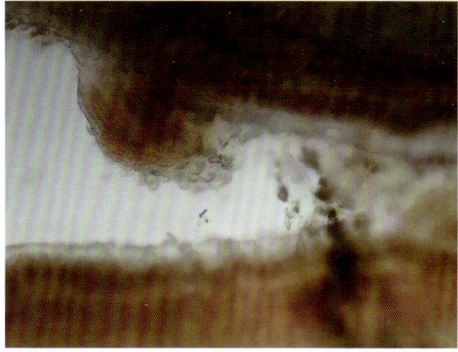
彩图 40　斜管虫（10×10）

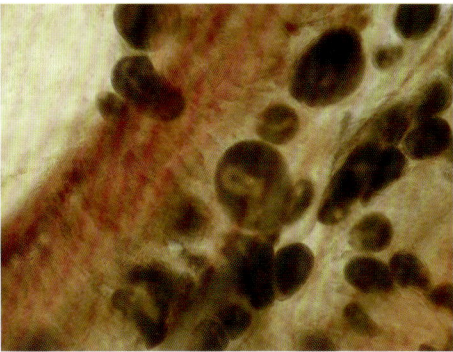
彩图 41　小瓜虫（10×10）

彩图 42　女王大帆

彩图 43　红白血鹦鹉鱼

彩图 44　血鹦鹉鱼

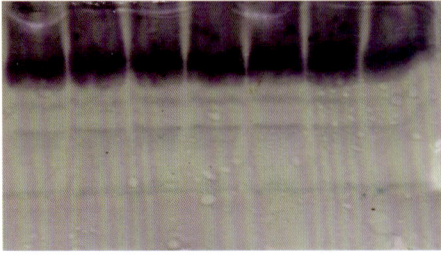

彩图 45 血鹦鹉鱼肌肉乳酸脱氢酶
电泳图谱

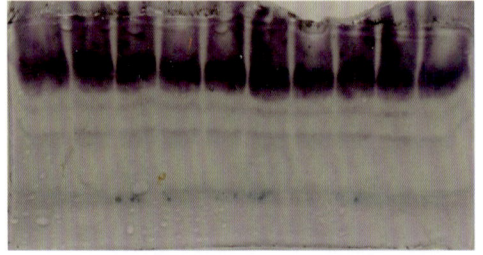

彩图 46 红白血鹦鹉鱼肌肉乳酸脱氢酶
电泳图谱

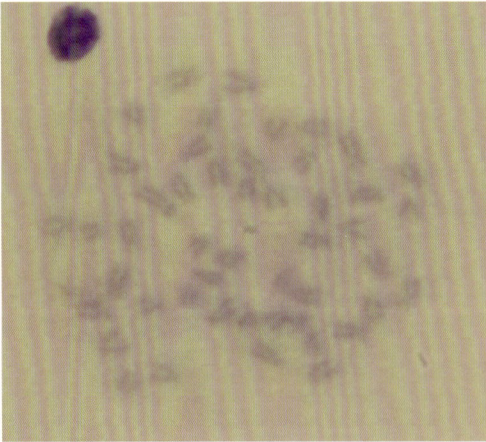

彩图 47 红白血鹦鹉鱼染色体中期分裂图

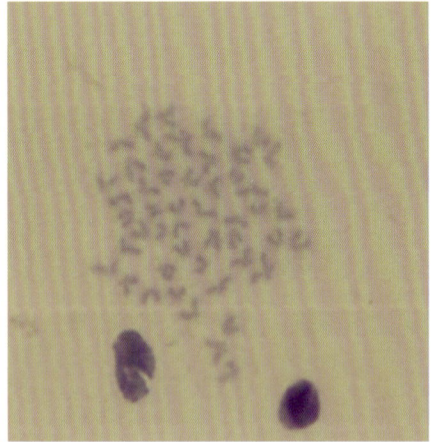

彩图 48 血鹦鹉鱼染色体中期分裂图

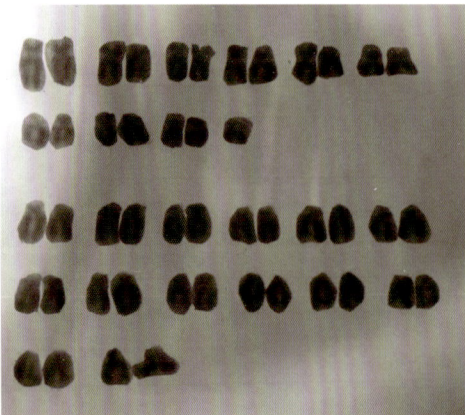

彩图 49 红白血鹦鹉鱼核型图

彩图 50 血鹦鹉鱼核型图